辽宁省职业教育"十四五"首批规划教材

数控编程与加工技术

（第五版） 附微课视频

主　编　张丽华　陈　佶
副主编　李海龙　王　震
主　审　王尚典

大连理工大学出版社

图书在版编目(CIP)数据

数控编程与加工技术 / 张丽华,陈佶主编. -- 5 版
. -- 大连：大连理工大学出版社,2024.8(2025.6 重印)
ISBN 978-7-5685-4930-1

Ⅰ．①数… Ⅱ．①张… ②陈… Ⅲ．①数控机床—程序设计②数控机床—加工 Ⅳ．①TG659

中国国家版本馆 CIP 数据核字(2024)第 073815 号

大连理工大学出版社出版

地址：大连市软件园路 80 号　邮政编码：116023
营销中心：0411-84707410　84708842　邮购及零售：0411-84706041
E-mail：dutp@dutp.cn　URL：https://www.dutp.cn
辽宁星海彩色印刷有限公司印刷　　大连理工大学出版社发行

幅面尺寸：185mm×260mm	印张：12.5	字数：289 千字
2004 年 7 月第 1 版		2024 年 8 月第 5 版
2025 年 6 月第 2 次印刷		

责任编辑：吴媛媛　　　　　　　　　　　　　责任校对：陈星源
　　　　　　　　　封面设计：张　莹

ISBN 978-7-5685-4930-1　　　　　　　　　　定　价：45.80 元

本书如有印装质量问题,请与我社营销中心联系更换。

前　言

在《中华人民共和国国民经济和社会发展第十四个五年规划和2035年远景目标纲要》中，将高端数控设备和智能制造作为国家振兴发展的重要方面，目前各种数控机床在生产中也已普及应用，因此，培养大批数控技术高级应用型人才是企业生产的需要，也是振兴我国机械工业的关键。本教材是为满足这一需求编写而成的。

为了紧跟时代步伐，我们在上一版教材教学实践的基础上，汇集相关教学单位的意见和建议，并且实地调研智能制造企业，融合企业的新工艺和新技术，对教材内容进行了改进和调整。修订后的教材具有如下特点：

1. 深化校企合作，"双元"开发教材。本教材充分借助企业专家的技术力量，实操部分由北京发那科机电有限公司提供新技术、工艺和设备的支持，保证了教材在内容上的前瞻性，并由具有多年数控领域经验的大国工匠、中国石油锦西石化分公司王尚典对内容进行技术把关。

2. 落实立德树人根本任务，融入素质教育内容。本教材在注重专业人才培养的基础上，深入贯彻落实党的二十大精神，落实立德树人根本任务，通过"素养提升"内容，引导学生实现"德＋技"双修，坚定扎根中国制造业的信念和服务中国制造业的决心。

3. 重点突出，内容丰富。本教材突出数控编程这一主线，以 FANUC 0i-F PLUS 数控系统为主，兼顾介绍了 SINUMERIK 数控系统，详细阐述了手工编程的步骤和方法，同时对自动编程也做了简要说明。为了使学生更好地掌握数控编程技术基础，本教材对编程要求的零件加工工艺、数控刀具等方面的知识也做了适当的介绍。

4. 针对性强，适用面广。本教材以数控车削加工和数控铣削加工为重点，详细讲述了常用指令的编程方法，系统地介绍了坐标系的建立、加工路线的确定、刀具的选择、切削工艺参数的查取等方面的知识。为了便于掌握数控编程技术，书中引用了大量来自企业生产的真实零件的数控加工编程实例，以满足各院校和生产单位不同数控系统的要求。

5. 融入实践教学内容。本教材设置了综合案例，让学生在实践中感知理论知识，实现知行合一，培养学生的综合素质和能力。

6. 实施课（书）证融通的教学改革。在教材中融入数控车、铣1＋X职业技能等级证书标准，对标人才培养方案和企业用人需求，实现岗位职业标准和技能鉴定与教学内容的有机融合，以保证对学生专业技能和职业素质的培养。

7. 顺应新形势教材改革。充分融入新形式教学手段，将微课、教案、多媒体课件等现代化教学资源融入其中，充分利用现代化教学手段实施线上＋线下混合式教学。

本教材由渤海船舶职业学院张丽华、陈佶任主编，北京发那科机电有限公司李海龙、渤海船舶职业学院王震任副主编,渤海船舶职业学院王巍和许昌职业技术学院刘琦、张加丽任参编。具体编写分工如下:模块1和附录由陈佶编写;模块2的2.1、综合案例及综合练习由李海龙编写;模块2的2.2和2.3由张加丽编写;模块3的3.1、综合案例及综合练习由王震、王巍共同编写;模块3的3.2和3.3由刘琦编写;模块4由张丽华编写。数字资源中微课的制作由陈佶完成,教案的制作由张丽华完成,多媒体课件的制作由王震、王巍共同完成。全书由张丽华负责统稿和定稿。中国石油锦西石化分公司王尚典对全书进行了审阅并提出了许多宝贵的意见和建议,在此表示衷心的感谢!

在编写本教材的过程中,我们参考、引用和改编了国内外出版物中的相关资料以及网络资源,在此对这些资料的作者表示深深的谢意!请相关著作权人看到本教材后与出版社联系,出版社将按照相关法律的规定支付稿酬。

尽管我们在探索教材特色的建设方面做出了许多努力,但是由于时间仓促,教材中仍可能存在疏漏和不足之处,恳请各相关教学单位和读者在使用本教材的过程中给予关注,并将意见和建议及时反馈给我们,以便修订时改进。

编 者

2024年6月

所有意见和建议请发往:dutpgz@163.com
欢迎访问职教数字化服务平台:https://www.dutp.cn/sve/
联系电话:0411-84707424　84708979

目 录

模块 1　数控加工编程基础 · 1
1.1　数控编程的基础知识 · 1
1.2　数控加工工艺 · 14
1.3　数控加工常用刀具 · 34
综合案例 · 41
综合练习 · 45

模块 2　数控车削编程与加工 · 46
2.1　数控车削简介 · 46
2.2　FANUC 0i-TF 系统数控车削编程与加工 · 54
2.3　SINUMERIK 840D 系统数控车削编程与加工 · 80
综合案例 · 103
综合练习 · 112

模块 3　数控铣削编程与加工 · 114
3.1　数控铣削简介 · 114
3.2　FANUC 0i-MF 系统数控铣削编程与加工 · 118
3.3　SINUMERIK 840D 系统数控铣削编程与加工 · 139
综合案例 · 160
综合练习 · 169

模块 4　加工中心数控编程 · 170
4.1　加工中心简介 · 170
4.2　自动换刀与主轴准停 · 175
综合案例 · 183
综合练习 · 188

参考文献 · 189

附　录 · 190

本书配套微课资源

序号	微课名称	对应页码
1	数控车床坐标系	2
2	数控车削编程基础知识	10
3	数控车削加工中的几个特殊点	19
4	数控车削刀具的认知	36
5	内、外径车削复合循环指令 G71、G70	61
6	固定形状粗车循环指令 G73	63
7	螺纹编程循环指令 G92	69
8	数控铣削编程基础	115
9	顺铣和逆铣在加工中的应用	123
10	数控铣床的分中对刀法	158

模块 1
数控加工编程基础

学习目标

1. 了解数控加工的基本概念。
2. 掌握数控机床的坐标系。
3. 掌握数控编程的工艺基础知识。
4. 学会常用刀具的选择方法。
5. 能够针对数控编程中的工艺参数进行数控加工工艺的编制。
6. 提升学生的职业素养,厚植爱国主义情怀。

素养提升

>>> 1.1 数控编程的基础知识 <<<

数控加工泛指在数控机床上进行零件加工的工艺过程。使用数控机床加工零件,不能简单地把它看成使用一台机床,而应把它看成在使用一套设备,将其作为一套综合的成套技术来处理。因此,要求数控编程人员所掌握的知识要新,面要广,要远远超过普通的工艺人员,否则就无法胜任数控加工和程序编制工作。

20世纪50年代初,美国出于军事工业发展的需要,由麻省理工学院成功研制了世界上第一台具有信息存储和处理功能的新型机床——数控机床。很快数控技术得到了广泛应用和迅速发展。我国在1958年也开始了数控机床的研制工作,并取得了一定的成绩。目前,我国不仅能够生产车、铣、钻、镗、磨削类和其他类型的数控机床,而且可以生产多种加工中心、柔性制造单元和柔性制造系统。

● 数字控制(Numerical Control)

数字控制是用数字化信号对机构的运动过程进行控制的一种方法,简称为数控(NC)。

● 数控系统(NC System)

数控系统是实现数字控制相关功能的软、硬件模块的集成。它能自动阅读输入载体上的程序,并将其译码,根据程序指令向伺服装置和其他功能部件发送信息,控制机床的各种运动。

- **计算机数控系统（Computer Numerical Control System）**

计算机数控系统是以计算机为核心的数控系统。由装有数控系统程序的专用计算机、输入输出设备、可编程序控制器（PLC）、存储器、主轴驱动及进给驱动装置等部分组成，习惯上又称为 CNC 系统，如图 1-1 所示。

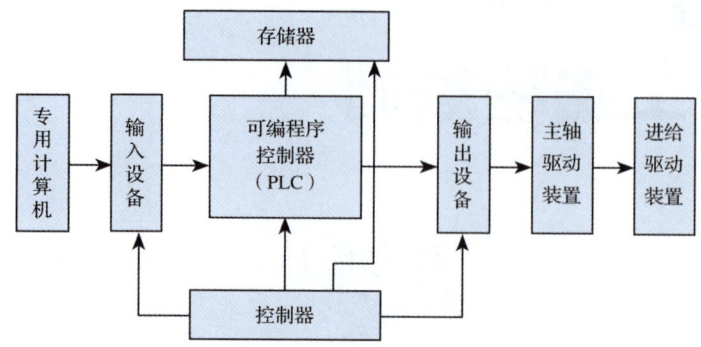

图 1-1　CNC 系统的组成

- **数控机床（NC Machine）**

数控机床是指应用数控技术对其运动和辅助动作进行自动控制的机床。

一、机床坐标系与工件坐标系

在数控机床上加工零件，刀具与工件的相对运动是以数字的形式体现的。因此，必须建立相应的坐标系，才能明确刀具与工件的相对位置。数控机床的坐标系包括坐标原点、坐标轴和运动方向。

1. 机床坐标系

在数控编程时，为了描述机床的运动，简化程序编制的方法及保证记录数据的互换性，以机床原点为坐标系原点，并遵循笛卡儿右手直角坐标系建立的由 X、Y、Z 轴组成的固定的直角坐标系称为机床坐标系，如图 1-2 所示。基本坐标轴为 X、Y、Z 轴，它们与机床的主要导轨相平行，相对于每个坐标轴的旋转运动坐标分别为 A、B、C。

微课

数控车床坐标系

基本坐标轴 X、Y、Z 的关系及其正方向用右手直角定则判定。拇指为 X 轴，食指为 Y 轴，中指为 Z 轴，其正方向为各手指指向，并分别用 $+X$、$+Y$、$+Z$ 来表示。围绕 X、Y、Z 各轴的旋转运动及其正方向用右手螺旋定则判定，拇指指向 X、Y、Z 轴的正方向，四指弯曲的方向为对应各轴的旋转正方向，并分别用 $+A$、$+B$、$+C$ 来表示。

2. 坐标轴及其运动方向

（1）ISO 标准的有关规定

不论数控机床的具体结构是工件静止、刀具运动，还是刀具静止、工件运动，都假定工件不动，刀具相对于静止的工件运动。

机床坐标系 X、Y、Z 轴的判定顺序为：先 Z 轴，再 X 轴，最后按右手直角定则判定 Y 轴。增大刀具与工件之间距离的方向为坐标轴运动的正方向。

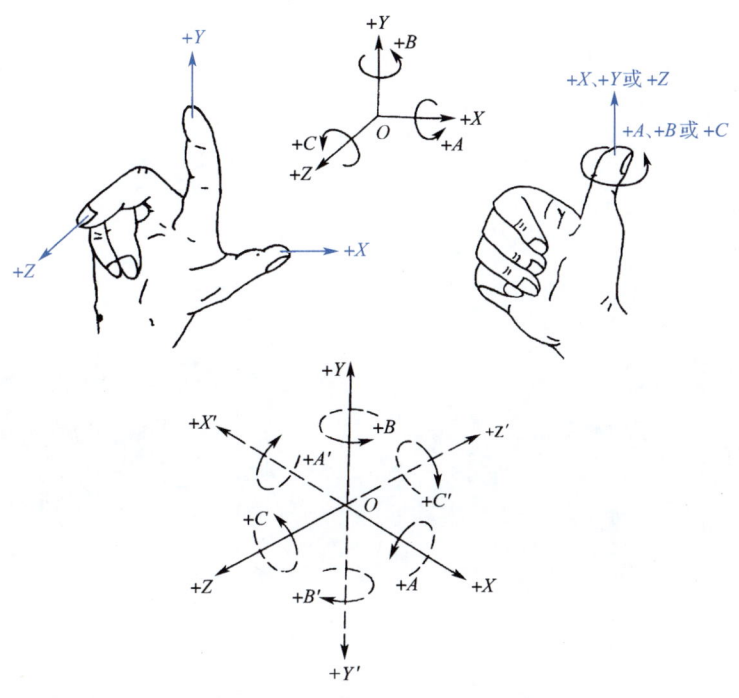

图 1-2 笛卡儿右手直角坐标系

(2)坐标轴的判定方法

①Z 轴

平行于主轴轴线的坐标轴为 Z 轴,刀具远离工件的方向为 Z 轴的正方向,如图 1-3、图 1-4、图 1-5 所示。坐标轴名称中(+X,+Y,+Z,+A,+B,+C)不带"'"的表示刀具相对于工件运动的正方向,带"'"的表示工件相对于刀具运动的正方向。

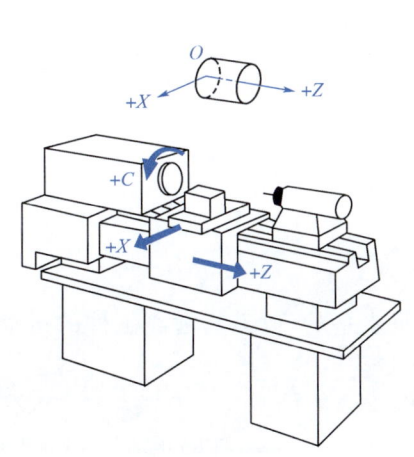

图 1-3 数控车床

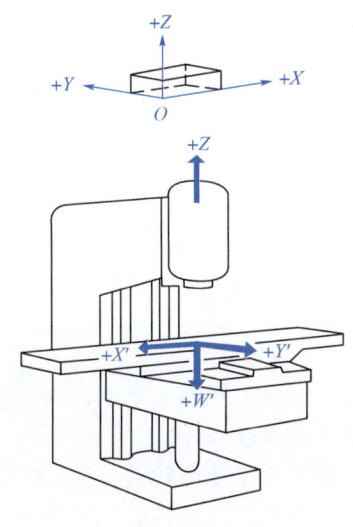

图 1-4 数控立式升降台铣床

对于有多个主轴或没有主轴的机床(如刨床),垂直于工件装夹平面的坐标轴为 Z 轴,如图 1-6、图 1-7 所示。

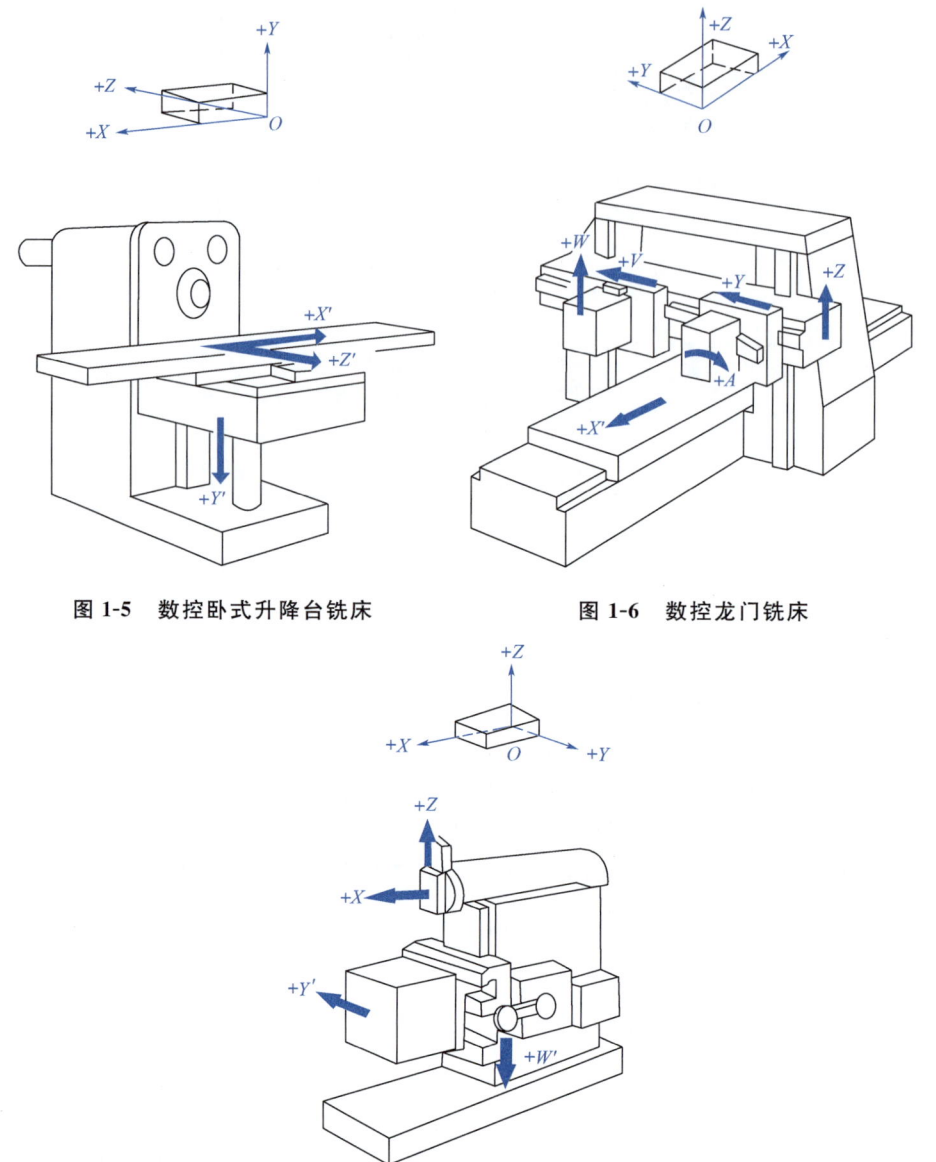

图 1-5　数控卧式升降台铣床　　　　图 1-6　数控龙门铣床

图 1-7　数控牛头刨床

② X 轴

平行于工件装夹平面的坐标轴为 X 轴,它一般是水平的,以刀具远离工件的运动方向为 X 轴的正方向。

对于工件是旋转的机床,X 轴为工件的径向,如图 1-3 所示。

对于刀具是旋转的立式机床,从主轴向立柱看,右侧方向为 X 轴的正方向,如图 1-4 所示。

对于刀具是旋转的卧式机床,从刀具(主轴)尾端向工件看,右侧方向为 X 轴的正方向,如图 1-5 所示。

③Y 轴

Y 轴垂直于 X、Z 轴,当 X、Z 轴确定之后,按笛卡儿直角坐标右手定则判断 Y 轴及其正方向。

④旋转运动坐标轴 A、B、C

旋转运动坐标轴 A、B 和 C 的轴线平行于 X、Y 和 Z 轴,其旋转运动的正方向按右手螺旋定则判定,如图 1-2 所示。判别实例如图 1-8、图 1-9 所示。

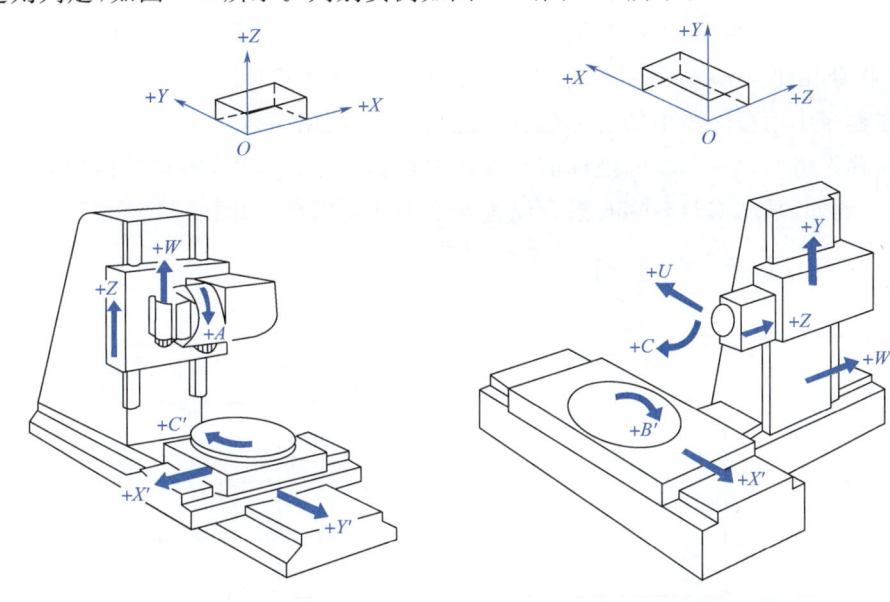

图 1-8 五坐标数控铣床   图 1-9 数控卧式镗铣床

3. 工件坐标系

工件坐标系是编程时使用的坐标系,又称为编程坐标系。编程时首先根据被加工零件的几何形状和尺寸,在零件图上设定工件坐标系,使零件图上的所有几何元素在坐标系中都有确定的位置,为编程提供轨迹坐标和运动方向。

工件坐标系的坐标轴,要根据工件在机床上的安装位置和加工方法来确定。一般工件坐标系的 Z 轴要与机床坐标系的 Z 轴平行,且正方向一致,与工件的主要定位支承面垂直;工件坐标系的 X 轴,选择在零件尺寸较大或切削时的主要进给方向上,且与机床坐标系的 X 轴平行,正方向一致;工件坐标系的 Y 轴,可根据右手直角定则确定。

工件坐标系的设定,实际上是在机床坐标系中建立工件坐标系。使刀具在工件坐标系中沿工件的编程轨迹运动,实现零件的切削加工。

(1)采用 G92 指令设置工件坐标系

通常机床原点与工件原点之间的距离可以间接地通过刀具的位置来确定,即确定工件原点与刀具当前位置的距离。以工件原点为基准,测量刀具起点的坐标值,并把这个坐标值通过 G92 指令存到系统的存储器中,作为零件所有加工尺寸的基准点。因此,在每个程序的开头,都要设定工件原点的偏置值,其格式如下:

G92　X＿　Y＿　Z＿

其中 X、Y、Z 的值为工件原点与刀具当前位置 A 的距离。如图 1-10 所示。

G92　Xa　Yb　Zc；　　　　　　　在机床坐标系中设置工件坐标系
……　　　　　　　　　　　　　　加工零件

G92 指令不使机床运动，其指定的坐标值只是设定了工件原点在机床坐标系中的位置，刀具并不产生运动。

(2) 采用 G54～G59 指令设置工件坐标系

使用 G54～G59 指令，可以在机床行程范围内设置 6 个不同的工件坐标系。这种指令与 G92 指令相比，无论在数量上还是在方法上都有很大区别。用 G92 指令设置工件坐标系，是在程序中用程序段中的坐标值直接进行设置，而用 G54～G59 指令设置工件坐标系时，必须首先将 G54～G59 的坐标值设置在原点偏置存储器中，编程时再用 G54～G59 指令调用。例如，采用 G54～G56 指令设置 3 个工件坐标系，如图 1-11 所示。

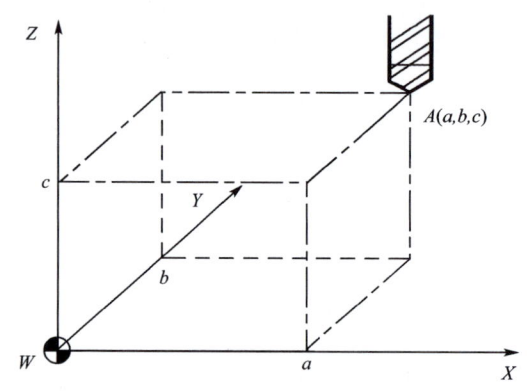
图 1-10　采用 G92 指令设置工件坐标系

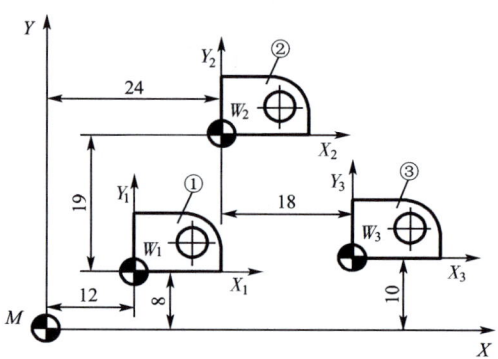
图 1-11　采用 G54～G56 指令设置 3 个工件坐标系

首先设置 G54～G56 原点偏置存储器：

零件 1：G54　　X12　　Y8　　Z0；
零件 2：G55　　X24　　Y27　　Z0；
零件 3：G56　　X42　　Y10　　Z0；

然后再调用：

N0010 G54　　　　　　　　在机床坐标系中设置第一个工件坐标系
……　　　　　　　　　　　加工第一个零件
N0070 G55　　　　　　　　在机床坐标系中设置第二个工件坐标系
……　　　　　　　　　　　加工第二个零件
N0100 G56　　　　　　　　在机床坐标系中设置第三个工件坐标系
……　　　　　　　　　　　加工第三个零件

显然，对于多工件原点设置，采用 G54～G59 原点偏置存储器存储所有工件原点与机床原点的偏置值，然后在程序中直接调用 G54～G59 指令进行原点偏置是很方便的。

(3)采用 G50 指令设置工件坐标系

在数控车床或 EIA(电子工业协会)标准中,通常用 G50 指令设置工件坐标系,如图 1-12 所示。这种指令设置工件坐标系的格式与 G92 指令相同。

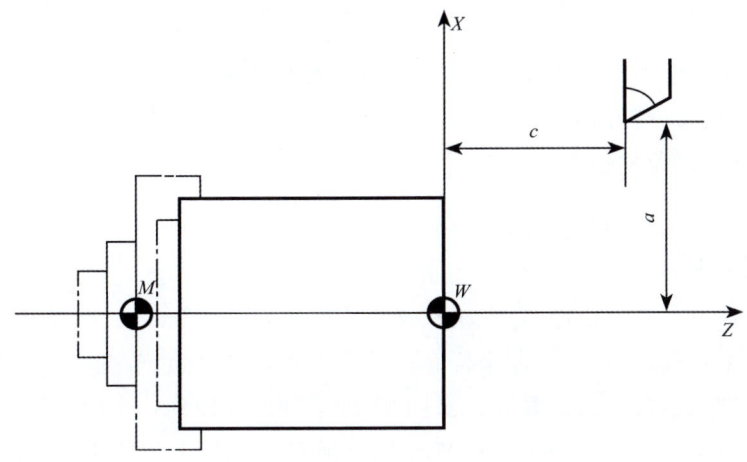

图 1-12 采用 G50 指令设置工件坐标系

G50 Xa Zc;

其中,a、c 为刀尖与工件坐标系原点的距离,也是刀具出发点的坐标值。

用 G50 指令所建立的坐标系,是一个与刀尖当前位置有直接关系的工件坐标系。这个坐标系有如下特点:

①X 轴的坐标零点在主轴回转中心线上。

②Z 轴的坐标零点可以根据图纸的技术要求和加工的方便性,选择在工件的左、右端面或其他位置,但必须与编程原点相一致。

采用 G50 指令设置工件坐标系的三种方法如图 1-13 所示,三种设置方法的指令与参数见表 1-1。

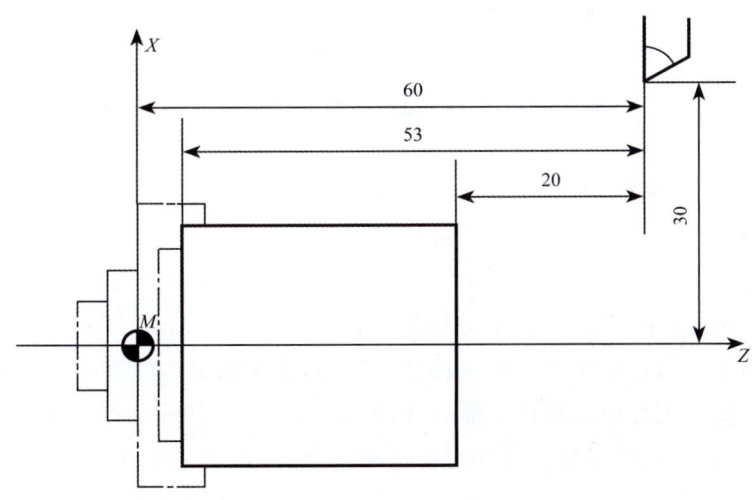

图 1-13 采用 G50 指令设置工件坐标系的三种方法

表 1-1　　　　　　　工件坐标系的三种设置方法的指令及参数

Z坐标原点设置	设在工件左端面	设在工件右端面	设在机床原点
程序段	G50 X60 Z53	G50 X60 Z20	G50 X60 Z60
刀尖与原点的距离	$X=60, Z=53$	$X=60, Z=20$	$X=60, Z=60$

采用工件原点偏置的方法设置工件坐标系,还可以实现零件的空运行试切加工,方法是:将程序原点向刀柄方向偏移,使刀具在加工过程中离开工件一个安全距离,在运行时不与工件相接触,以免发生撞刀事故。

4. 坐标原点

(1) 机床坐标系原点

机床坐标系原点也称机床原点、机械原点或零点,用"M"表示。它是机床制造商设置在机床上的一个物理位置,是机床坐标系中固有的点,不能随意改变。它也是其他坐标系和参考点的基准点。机床启动时通常要回零,即运动部件回到一个固定的位置,这个位置就是机床坐标系的原点。数控车床的机床原点通常在三爪卡盘的中心,如图1-12所示。数控铣床的机床原点与零点重合,如图1-14所示。机床原点的作用是使机床与控制系统同步,建立测量机床运动坐标的起始位置。

(2) 机床参考点

机床参考点也称基准点,是大多数具有增量位置测量系统的数控机床所必须具有的。它是数控机床工作区确定的一个固定点,与机床原点有确定的尺寸联系,用"R"表示。

(3) 工件原点

工件原点即工件坐标系原点,也称程序原点或编程原点,用"W"表示。它是编程时定义在工件上的几何基准点。该点在机床坐标系中的位置可通过G代码来设置。

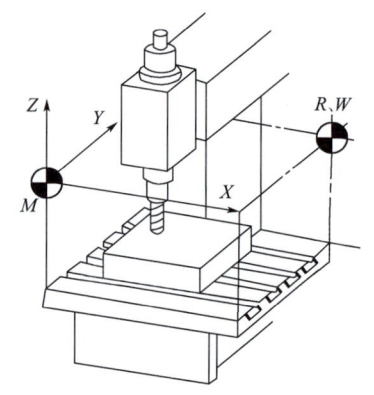

图 1-14　数控铣床的坐标系原点

工件原点要根据编程计算方便、机床调整方便、对刀方便以及零件的特点来确定。一般应选择在零件的设计基准、工艺基准或精度要求较高的工件表面上;对于几何元素对称的零件,工件原点应设在零件的对称中心上;对于一般零件,工件原点应设在零件外轮廓的某一角上;Z轴方向的原点一般设在零件的上表面。

加工时,为了使刀具在工件上按编程轨迹运动,必须确定工件原点与机床原点的相对位置。因此,要测量工件原点与机床原点之间的距离,即工件原点与机床原点的偏差值。该偏差值可以预存在数控系统内或编写在加工程序中,在加工时工件原点与机床原点的偏差值便自动加到工件坐标系上,使数控系统按照机床坐标系确定工件的坐标值,实现零件的自动加工。

二、数控编程的步骤

数控机床加工零件与普通机床不同,它是将零件加工的工艺顺序、运动轨迹与方向、位移量、工艺参数及辅助动作,按规定代码和格式编制成加工程序,输入数控系统,从而控制数控机床自动进行各工序的加工,完成整个零件的加工任务。

在编制数控加工程序时,首先应了解数控机床的规格、性能、CNC系统功能及编程指令格式;其次要对零件图样的技术要求、几何形状、尺寸及工艺要求进行分析,确定加工方法和加工路线,再进行数值计算,获得刀位数据;最后按数控系统规定的代码和程序格式,将工件的尺寸、刀位数据、加工路线、切削参数和辅助功能等编制成加工程序,如图1-15所示。

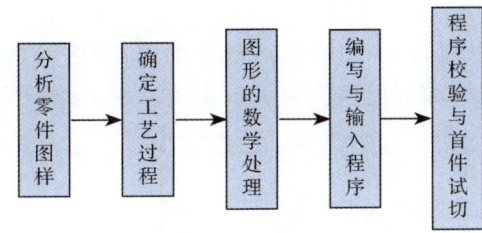

图1-15　数控编程的步骤

1. 分析零件图样

根据零件图样,分析零件的形状、尺寸、精度要求、毛坯形式、材料与热处理技术要求,选择合适的数控机床。

2. 确定工艺过程

通过对零件图样的全面分析,拟订零件的加工方案,充分发挥数控机床的功能,提高数控机床使用的合理性与经济性。确定工件的装夹方式,减少工件的定位和夹紧时间,缩短生产准备周期。选择合理的加工顺序和走刀路线,保证零件的加工精度和加工过程的安全性,避免发生刀具与非加工表面的干涉。合理选择刀具及其切削参数,充分发挥机床及刀具的加工能力,减少换刀次数,缩短走刀路线,提高生产率。

3. 图形的数学处理

根据零件的几何尺寸、工艺路线及设定的工件坐标系,计算零件粗、精加工的运动轨迹。对于形状比较简单的零件(如由直线和圆弧构成的零件),要计算出各几何元素的起点、终点、圆心点、交点和切点的坐标值。对于形状比较复杂的零件(如由非圆曲线、曲面构成的零件),需要用直线段或圆弧段逼近,根据要求的精度计算出节点坐标值,这种情况一般要用计算机来完成数值计算的工作。

4. 编写与输入程序

根据计算出的刀具运动轨迹坐标值和已确定的工艺参数及辅助动作,按照数控系统规定的功能指令代码和程序段格式,编写零件加工程序。编写好的程序通过手工输入或通信传输的方式输入到机床的数控系统。

5. 程序校验与首件试切

程序必须经校验和首件试切才能正式使用。利用数控机床的空运行功能,观察刀具的运动轨迹和坐标显示值的变化,检验数控程序。也可用笔代替刀具,用坐标纸代替工件,在空运行过程中通过画图来检验。在有 CRT 图形模拟功能的数控机床上,可通过显示进给轨迹或模拟刀具对工件的切削过程,对程序进行检验。

上述校验方法只能检验出运动轨迹是否正确,不能检验被加工零件的加工精度和表面质量。因此,要进行首件试切,根据试切情况,分析产生误差的原因,采取尺寸补偿措施,修改加工程序。

微课

数控车削编程基础知识

三、数控编程的方法

数控编程一般分为手工编程和自动编程两种。

1. 手工编程

从零件图样分析、工艺过程确定、图形的数学处理、程序的编写与输入到程序的校验等各步骤主要由人工完成的编程过程称为手工编程。手工编程的过程如图 1-16 所示。

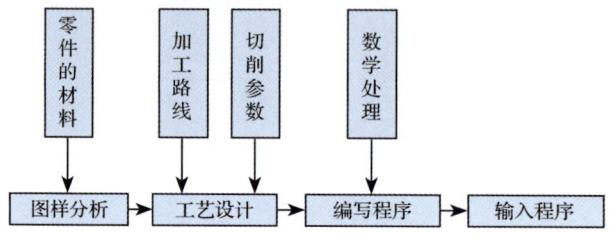

图 1-16 手工编程的过程

对于加工形状简单、计算量不大、程序段较少的零件,采用手工编程比较合适。在点位加工或由直线和圆弧构成的平面轮廓加工中,手工编程得到广泛的应用。但是,对于几何形状复杂的零件,尤其是由非圆曲线和空间曲面构成的零件,由于编程计算工作量大,容易出错,有时甚至无法编出程序,因此,必须采用自动编程的方法编制程序。

2. 自动编程

自动编程是利用计算机软件编制数控加工程序的过程。CAD/CAM 是计算机辅助设计与制造(Computer Aided Design/Manufacturing)的缩写,是一种将零件的几何图形信息自动转换为数控加工程序的自动编程技术。它通常是以待加工零件的 CAD 模型为基础,调用数控编程模块,采用人机交互方式在屏幕上指定被加工的部位,输入加工参数,计算机自动进行数学处理,编制出数控加工程序,同时在计算机屏幕上动态地显示出刀具的加工轨迹,其过程如图 1-17 所示。

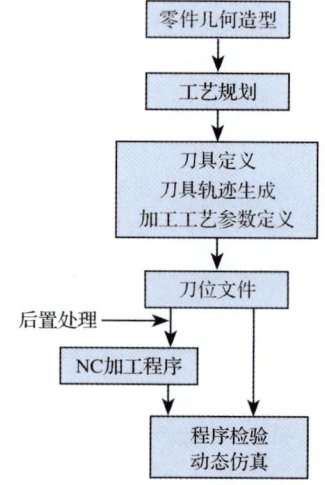

图 1-17 CAD/CAM 软件自动编程的过程

四、数控编程的方式

数控系统的位置和运动控制指令可以采用两种编程坐标系进行编程。即绝对坐标编程和增量坐标编程。

1. 绝对坐标编程

在坐标系中,所有点的坐标都是以固定的坐标原点为零点计算的,这样的坐标系称为绝对坐标系。利用绝对坐标系确定刀具(或工件)运动轨迹坐标值的编程方法,称为绝对坐标编程。如图 1-18 所示,A、B、C 三点的坐标是以固定的坐标原点 O 计算的,其值为:$X_A=20$,$Y_A=10$;$X_B=10$,$Y_B=40$;$X_C=30$,$Y_C=30$。

绝对坐标值与刀具(或工件)的运动方向无关,它是由运动轨迹终点在坐标系中的位置决定的。绝对坐标编程在程序段中用 G90 指令来设定,该指令表示后续程序中的所有编程尺寸,都是按绝对坐标值给定的。一般数控系统启动后自动设置为绝对坐标编程状态,有的数控系统在程序段中不用 G90 指令设定绝对坐标编程,而直接用 X、Y、Z 给定刀具(或工件)运动轨迹的绝对坐标值。

2. 增量坐标编程

在坐标系中,刀具(或工件)运动轨迹的坐标值是以前一个位置为零点计算的,这样的坐标系称为增量坐标系,又称为相对坐标系。利用增量坐标系确定刀具(或工件)运动轨迹坐标值的编程方法,称为增量坐标编程。如图 1-19 所示,B、C 两点的坐标均是相对于前一点计算的,其值为:$U_B=-10$,$V_B=30$;$U_C=20$,$V_C=-10$。

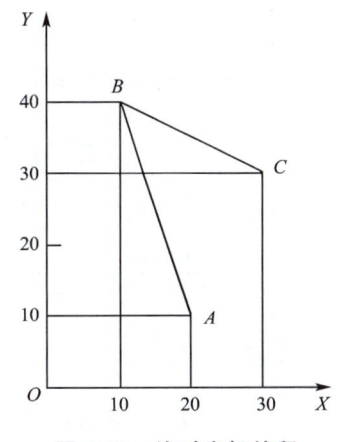
图 1-18 绝对坐标编程

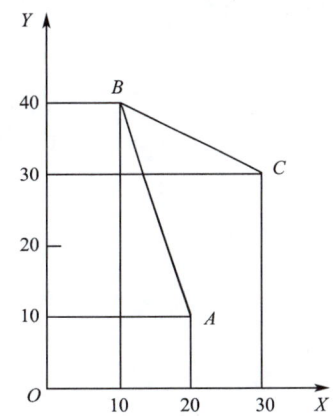
图 1-19 增量坐标编程

增量坐标值与刀具(或工件)的运动方向有关,当刀具运动的方向与机床坐标系正方向相同时为正,反之为负。

增量坐标编程在程序段中用 G91 指令来设定,该指令表示后续程序中的所有编程尺寸都是按增量坐标值给定的。有的数控系统在程序段中不用 G91 指令设定增量坐标编程,而直接用 U、V、W 给定刀具(或工件)运动轨迹在 X、Y、Z 方向的增量坐标值。

编程时采用哪种方式都是可行的,但却有方便与否之分。例如,当孔的加工尺寸由一个固定基准给定时,如图 1-20(a)所示,采用绝对坐标编程是方便的。如果孔的加工尺寸是以各孔之间的距离给定时，如图 1-20(b)所示，采用增量坐标编程则是方便的。

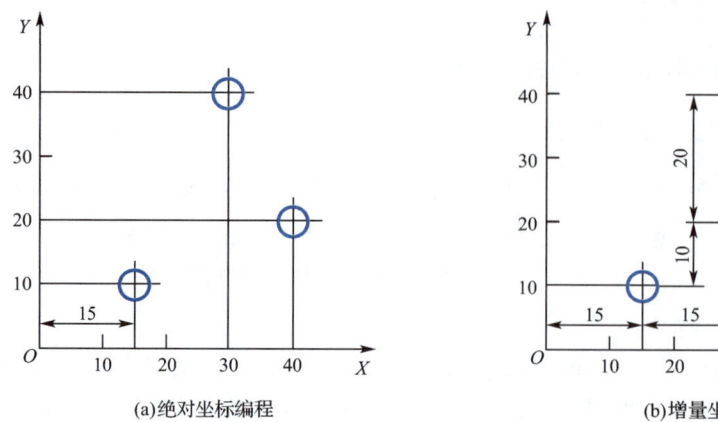

图 1-20　绝对坐标与增量坐标编程的选择

五、数控编程格式及常用指令

数控编程时，必须先了解数控程序的结构和编程规则，才能正确地编写数控加工程序。

1. 程序的组成

一个完整的程序由程序名、程序内容和程序结束三部分组成。

如图 1-21 所示零件的加工程序：

O0001；
G90　G92　X0　Y0　Z0；
G42　G01　X10　Y10　D01　F80；
X30；
G03　X40　Y20　R10；
G02　X30　Y30　R10；
G01　X10　Y20；
Y10；
G00　G40　X0　Y0；
M30；

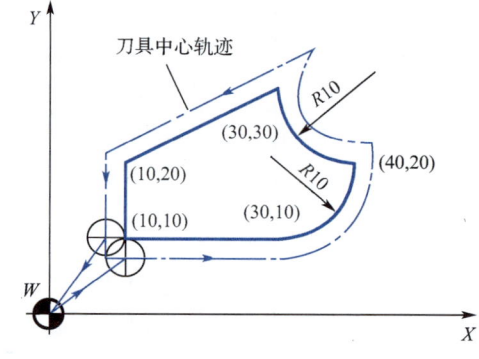

图 1-21　零件的铣削加工

(1) 程序名

为了区别数控系统中存储的程序，每个程序都要进行编号。在编号前面要用程序号地址符进行编号指令，后面跟若干位数字表示程序编号。如：

O0001

其中，O——程序号地址符；

0001——程序的编号。

不同的数控系统，程序号地址符也有所不同，一般常用 O、P、% 等。编程时一定要按说明书所规定的符号去编写指令，否则系统不会执行。

(2) 程序内容

程序内容是整个程序的核心,它由若干程序段组成,每个程序段由一个或多个指令构成,表示机床要完成的指定动作。程序段是可作为一个单位来处理的连续的程序字组,它实际是数控加工程序中的一段程序。

程序字通常由地址符、数字和符号组成。程序字的功能类别由地址符决定,程序字的排列顺序要求不严格,数据的位数可多可少,不需要的程序字以及与上一程序段相同的程序字可以不写。常用地址符见表 1-2。

表 1-2 常用地址符

功 能	地址符	意 义
程序号	O、P、%	程序号、子程序号的指定
程序段号	N	程序段号
准备功能	G	机床动作方式指令
坐标字	X、Y、Z	坐标轴的移动地址
	A、B、C;U、V、W	附加轴的运动地址
	I、J、K	圆心坐标地址
进给速度	F	进给速度指令
主轴功能	S	主轴转速指令
刀具功能	T	刀具编号指令
辅助功能	M	机床开/关指令
	B	工作台回转(分度)指令
补偿功能	H、D	补偿号指令
暂停功能	P、X	暂停时间指令
重复次数	L	子程序及固定循环的重复次数指令
圆弧半径	R	圆弧半径地址

(3) 程序结束

程序结束是以 M02 或 M30 作为整个程序的结束指令。

2. 准备功能指令

准备功能指令也称准备功能字,用地址符 G 表示,所以又称为 G 指令或 G 代码,它是使机床或控制系统建立加工功能方式的命令。G 指令由地址符 G 和后面的两位数字组成,常用的为 G00～G99,有些数控系统的准备功能指令已扩大到 G150。

G 指令根据功能定义分成若干个组,同一程序段中同组 G 指令只能使用一个,若指定两个以上时,则只有最后一个有效。

G 指令分为模态指令和非模态指令两种。模态指令是指 G 指令一经使用一直有效,直到被同组的其他 G 指令取代为止。所以在连续指定同一 G 指令的程序中,只要在某一程序段指定一次模态 G 指令,在后面的程序段中就不必再指定该 G 指令。非模态 G 指令只有在被指定的程序段中才有效。

3. 辅助功能指令

辅助功能指令也称为辅助功能字，用地址符 M 表示，所以又称为 M 指令或 M 代码。它是用来指定数控机床加工时的辅助动作及状态，如主轴的启、停、正、反转，冷却液的开、关，刀具的更换，工件的夹紧与松开等。M 指令由地址符 M 和后面的两位数字组成，常用的为 M00～M99。

M 指令也分为模态指令和非模态指令，其意义与 G 指令中的模态和非模态相同。同时，M 指令还规定了其在一个程序段中起作用的时间。例如：M03、M04 主轴转向指令与程序段中运动指令同时开始起作用；M00、M01、M02 等与程序有关的指令，在程序段运动指令执行完毕后才开始起作用。

4. 其他功能指令

（1）进给功能指令

进给功能指令用地址符 F 表示，也称 F 指令或 F 代码。该指令是模态指令，其功能是指定切削进给速度。F 后面的数字直接表示进给速度的大小，单位一般为 mm/min。对于数控车床或加工螺纹时，进给速度的单位也可设置为 mm/r。

（2）主轴转速指令

主轴转速指令用地址符 S 表示，也称 S 指令或 S 代码。该指令是模态指令，其功能是指定主轴转速或线速度，单位为 r/min 或 m/min。

（3）刀具功能指令

刀具功能指令用地址符 T 表示，也称 T 指令或 T 代码。该指令主要用来选择刀具，也可用来选择刀具的长度补偿和半径补偿。T 指令由地址符 T 和后面的数字代码组成，不同的数控系统有不同的指定方法和含义。如 T0101 可表示选用 1 号刀具和 1 号刀具的补偿存储器。

1.2 数控加工工艺

所谓数控加工工艺，就是使用数控机床加工零件的一种工艺方法。

在数控机床上加工零件，首先要根据零件的尺寸和结构特点进行工艺分析，拟订加工方案，选择合适的夹具和刀具，确定合理的切削用量。然后将全部的工艺过程、工艺参数等编制程序，输入数控系统。整个加工过程是自动进行的，因此程序编制前的工艺分析与设计是一项十分重要的工作。

一、数控加工工艺的主要内容及特点

1. 数控加工工艺的主要内容

一般数控加工工艺主要包括以下几方面的内容：

(1)分析零件图样,选择、确定数控加工的内容。
(2)结合零件加工表面的特点和数控设备的功能,对零件进行工艺分析。
(3)刀具、夹具的选择和调整。
(4)确定零件的加工方案,制定数控加工工艺路线。
(5)根据编程的需要,对零件图形进行数学处理。
(6)编写和调整数控加工程序。
(7)首件试切并修改数控机床上的部分工艺指令。

2. 数控加工工艺的特点

数控加工程序是数控机床的指令性文件,数控机床受控于程序指令,加工的全部过程都是按程序指令自动进行的,而数控加工程序的编制基础是工艺设计。因此,数控加工工艺的内容要十分详细、具体。不仅要包括零件加工的工艺过程,而且还要包括刀具选择、切削用量、走刀路线以及机床的运动过程等。

工艺设计要严密、准确。数控机床虽然自动化程度较高,但自适应性较差。它不能根据加工过程中出现的问题,灵活适时地进行人为调节。即使现代数控机床在自适应性方面做了不少努力与改进,但自由程度也不大。所以,在数控加工的工艺设计中必须注意加工过程的每一个细节,力求准确无误,使数控加工顺利进行。

编程尺寸的数学处理是数控加工工艺的又一显著特点。编程尺寸并不是零件图上公称尺寸的简单再现。编程前,要根据零件尺寸公差要求和零件形状的几何关系,对零件图进行数学处理和计算,合理确定编程尺寸。同时,在基本不改变零件原来性能的前提下,对零件的形状、尺寸、结构等做适当数控加工的修改。

总之,数控加工工艺设计得是否合理、先进、准确、周密,不仅影响编程的工作量,而且关系零件的加工质量、加工效率和设备的安全运行。

二、程序编制中的数值计算

根据零件图的要求,计算出机床数控系统所需输入的数据,是数控加工的一个突出特点。数控编程人员能否按照零件图的技术要求,编制出数控加工程序,其关键环节是编程尺寸的确定。确定编程尺寸实际上是对零件图进行的数学处理,计算零件图形各点在坐标系中的坐标值和运动轨迹。数值计算主要包括以下内容。

1. 基点和节点的坐标计算

零件的轮廓曲线一般是由直线、圆弧或其他二次曲线等几何元素构成的,通常构成零件的各几何元素间的交点或切点称为基点。如两直线的交点、直线与圆弧或圆弧与圆弧的交点或切点、圆弧与其他二次曲线的交点或切点等。显然,两相邻基点间只能是一种几何元素,如图1-22所示。

对于由直线和圆弧构成的平面轮廓零件,只进行基点和圆心点坐标的计算就能满足要求。因为目前的数控系统都具有直线和圆弧插补功能,所以数值计算比较简单。

当零件的轮廓曲线是由直线和圆弧以外的其他曲线构成,而数控系统又不具备该曲线的插补功能时,其数值计算就比较复杂。通常将这种构成零件轮廓的曲线,按数控系统插补功能的要求,在满足允许编程误差的条件下,用连续的直线段或圆弧段来逼近零件轮廓曲线,这些逼近线段的交点或切点称为节点,如图 1-23 所示。

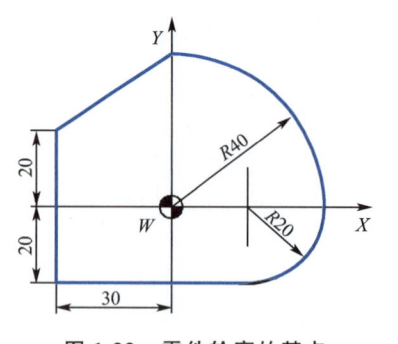
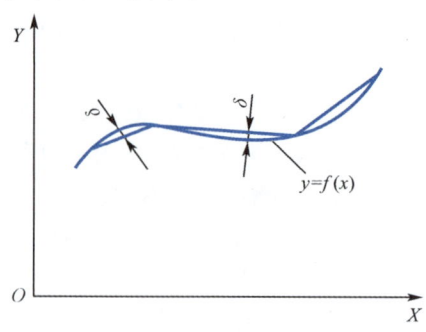

图 1-22 零件轮廓的基点　　　　图 1-23 零件轮廓的节点

编程时,一般按节点来划分程序段,而节点的多少是由逼近线段的数目决定的。通常,逼近线段的区间越大,节点数越少,程序段也就越少。

但逼近线段的数目受逼近误差 δ 的限制,一般逼近误差 δ 应小于或等于编程允许误差 $\delta_允$。考虑工艺系统及计算误差的因素,一般取编程允许误差 $\delta_允$ 为零件公差的 1/5～1/10。

2. 刀具中心轨迹的计算

零件图上的数据是按零件轮廓尺寸给出的,加工时刀具是按刀具中心轨迹运动的,零件的轮廓形状是由刀具切削刃进行切削形成的。对于具有刀具半径补偿功能的数控机床,只要在编程中加入刀具半径补偿的有关指令,就可以保证在加工过程中,使刀具中心按规定自动偏离编程轨迹。这时可直接按零件轮廓形状,计算各基点和节点坐标,作为编程时的坐标数据。

3. 辅助计算

辅助计算包括增量计算和辅助程序段的数值计算。

增量计算是指用增量坐标编程时,将绝对坐标数据转换成增量坐标数据的计算。有时,在增量坐标或绝对坐标系统中,某些数据要求以增量方式输入时,也要进行由绝对坐标数据向增量坐标数据的转换。

辅助程序段是指刀具从对刀点到切入点或从切出点回到对刀点而特意安排的程序段。切入点位置的选择,应根据零件的加工余量,适当离开零件轮廓一段距离。切出点位置的选择,应避免刀具在快速返回时发生撞刀。建立刀具补偿的程序段,应在零件加工程序段之前写入,零件加工完成后应取消刀具补偿。

三、数控加工工艺文件的编制

编写数控加工工艺文件是数控加工工艺设计的重要内容之一。它既是数控加工、产品验收的依据,又是机床操作者要遵守和执行的规程,有时也作为加工程序的附加说明,使操作者更加明确程序的内容、安装及定位方式。数控加工工艺文件编制的好坏,直接影响零件的加工质量和生产效率,因此在编制文件之前,要全面了解工件毛坯质量,刀具、辅具系统,夹具及机床性能,熟悉和掌握数控加工的技术信息,编制出高质量的工艺文件。

数控加工工艺文件主要包括数控加工工艺规程卡、数控加工工序卡和数控加工刀具卡。

1. 数控加工工艺规程卡

数控加工工艺规程卡是数控加工工艺文件的重要组成部分。它规定了工序内容、加工顺序、使用的设备、刀具和辅具的型号和规格等,见表1-3。

表1-3　　　　　　　　　　　数控加工工艺规程卡

序号	工序	加工部位	控制尺寸	设备	夹具	刀具	量具	主轴转速/ r·min^{-1}	进给速度/ mm·min^{-1}	背吃刀量/ mm	备注
编制		日期		审核		日期		会签	日期	批准	日期

2. 数控加工工序卡

数控加工工序卡是编制数控加工程序的重要依据之一,应按已确定的工步顺序编写。数控加工工序卡的内容包括工步号、工步内容、刀具规格和切削用量等,见表1-4。

表1-4　　　　　　　　　　　数控加工工序卡

单位名称		产品名称或代号		零件名称		零件图号		
工序号	程序编号	夹具名称		使用设备				
工步号	工步内容 (尺寸单位 mm)	刀具号	刀具规格	主轴转速/ r·min^{-1}	进给速度/ mm·min^{-1}	背吃刀量/ mm	备注	
编制	审核	批准		年　月　日		共　页	第　页	

3. 数控加工刀具卡

数控加工刀具卡用于说明完成一个零件加工所需要的全部刀具。它主要包括刀具号、规格、名称、数量、加工表面等内容,见表 1-5。

表 1-5　　　　　　　　　　　　　数控加工刀具卡

产品名称或代号			零件名称		零件图号	
序号	刀具号	刀具规格、名称	数量	加工表面		备注
编制		审核		批准	年　月　日	共　页　第　页

四、数控车削加工工艺的编制

1. 编程原点的选择

编程尺寸与零件图中所标注的尺寸不一定完全相同,这与编程原点的选择有直接的关系。同一个零件,同样的加工,编程原点选择不同,编程尺寸的数据也不一样。所以,编程之前首先要合理选择编程原点。理论上,编程原点选在任何一点都是可以的,但在实际编程过程中,编程原点的选择一般要考虑以下几方面因素:一是尽可能使编程尺寸换算简便,使一些点的坐标值与零件图上的尺寸值相同;二是尽可能使对刀方便和准确;三是尽可能使编程原点在毛坯上的位置容易确定,加工余量均匀。车削零件的编程原点,X 方向均应取在零件的回转中心,即装夹后与车床主轴的轴心线同轴,Z 方向位置一般在零件的左、右端面中选择,如果是左右对称的零件,Z 方向编程原点应选在对称平面内。

通常,编程原点的确定原则如下:

(1) 编程原点应与零件的设计基准和工艺基准尽量重合,避免产生误差及不必要的尺寸换算。

(2) 容易找正,对刀且对刀误差小。

(3) 编程方便。

(4) 对称零件的编程原点应选在零件的对称中心。

(5) 在毛坯上的编程原点应容易准确地确定,且加工余量均匀。

2. 数控车削加工中的几个特殊点

(1) 刀位点

刀位点指刀具的定位基准点。尖形车刀的刀位点为理想的刀尖点；刀尖带圆弧的车刀，刀位点在圆弧中心；钻头的刀位点为钻尖。数控加工程序控制刀具的运动轨迹，实际上是控制刀位点的运动轨迹。

微课

数控车削加工中的几个特殊点

(2) 对刀点

对刀点是用来确定刀具与工件相对位置的点，是确定工件坐标系与机床坐标系关系的点，如图 1-24 所示的 A 点。在数控机床上加工零件时，对刀点是刀具相对于零件运动的起点，因为数控加工程序是从这一点开始执行的，所以对刀点也称为起刀点。对刀就是将刀位点置于对刀点上，以便建立工件坐标系。

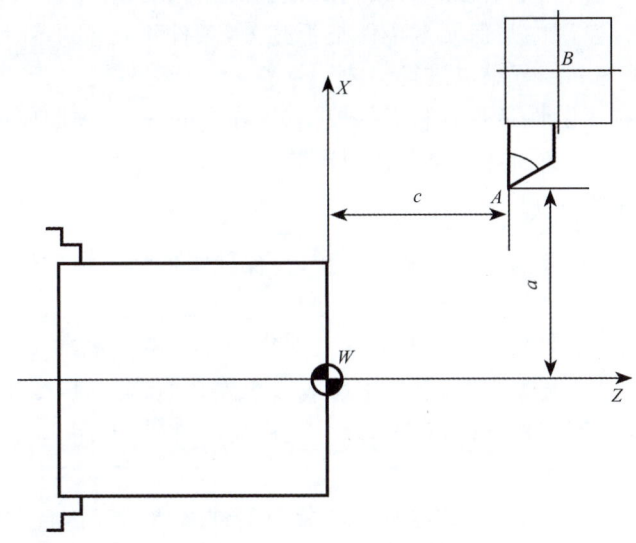

图 1-24 对刀点和对刀参考点

(3) 对刀参考点

对刀参考点是用来表示刀架或刀盘在机床坐标系内的位置，即 CRT 上显示的坐标值表示的点，也称刀架中心或刀具参考点，如图 1-24 所示的 B 点。可利用此坐标值进行对刀操作。数控车床回参考点时，应使刀架中心与机床参考点重合。

(4) 换刀点

在数控车床上加工零件时，需要经常换刀，在编制程序时，就要设置换刀点。

所谓换刀点，就是数控程序中指定用于换刀的位置。该点可以是某一固定点，也可以是任意的一点。换刀点应设在零件或夹具的外部，避免刀架转位时刀具与工件、夹具和机床产生干涉。

3. 数控车削工艺路线的确定

(1)零件的工艺分析

采用数控车床加工零件，必须根据数控车床的性能、特点、应用范围，对零件加工工艺进行分析。

分析被加工零件材料的机械性能和热处理状态，判断其加工的难易程度，为选择刀具和确定切削用量提供依据。

①分析零件毛坯的外形和内腔是否有影响刀具定位、运动和切削的结构，为刀具运动路线的确定和程序的编制提供依据。

②分析零件毛坯是否有足够的加工余量，为选择刀具和分配加工余量提供依据。

③分析零件图中的尺寸标注方法是否适应数控加工的特点，为了编程方便和尺寸间的协调，尺寸最好从同一基准引注或直接给出相应的坐标尺寸。

④分析构成零件轮廓的几何元素条件是否充分，条件不足或几何元素之间关系模糊不清，都会使数学处理和编程难以进行。

⑤分析零件结构工艺性是否有利于数控加工，零件的外形、内腔应尽可能采取统一的几何类型或尺寸，尽量减少刀具数量和换刀次数。

(2)工件的定位与装夹

正确、合理地选择工件的定位与装夹方式，是保证零件加工精度的必要条件。

①定位基准的选择

力求使设计基准、工艺基准与编程计算基准统一，减少基准不重合误差和数控编程中的计算工作量，尽量减少装夹次数；在多工序或多次安装中，要选择相同的定位基准，保证零件的位置精度；要保证定位准确、可靠，装夹机构简单，操作方便。

②常用的装夹方法

- 在三爪自定心卡盘上装夹。这种方法装夹工件方便，省时，自动定心好，但夹紧力较小，适用于装夹外形规则的中、小型工件。三爪自定心卡盘可装成正爪或反爪两种形式，反爪用来装夹直径较大的工件，如图1-25所示。

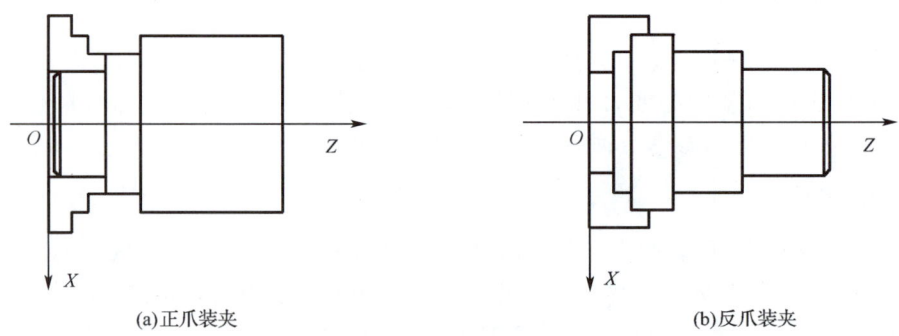

(a)正爪装夹　　　　　　　　　(b)反爪装夹

图1-25　采用三爪自定心卡盘装夹工件的方式

- 在两顶尖之间装夹。这种方法装夹工件不需找正,每次装夹的精度高,适用于长度尺寸较大或加工工序较多的轴类工件装夹,如图1-26所示。

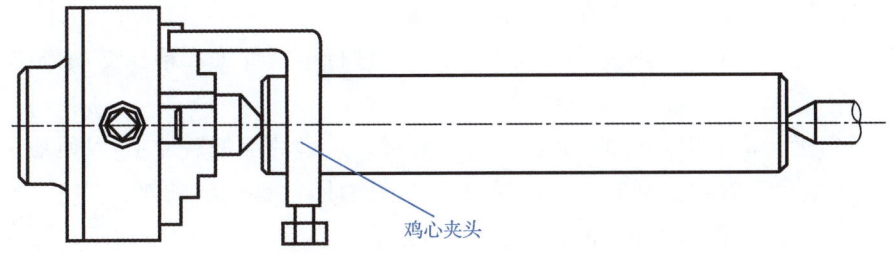

图1-26　采用两顶尖装夹工件的方式

- 用卡盘和顶尖装夹。这种方法装夹工件刚性好,轴向定位准确,能承受较大的轴向切削力,比较安全,适用于车削质量较大的工件。采用这种方法装夹时,一般在卡盘内装一限位支承或利用工件台阶限位,防止工件由于切削力的作用而产生轴向位移,如图1-27所示。

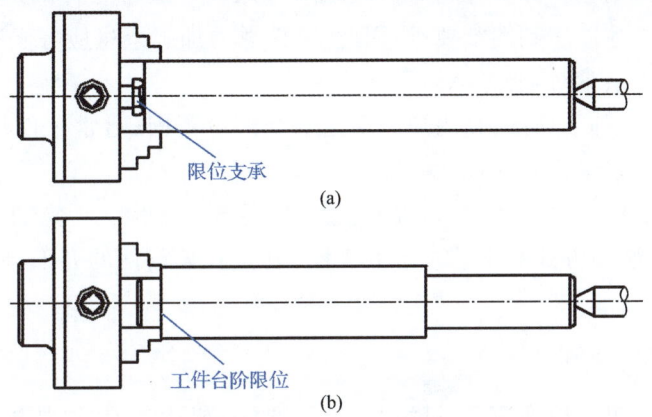

图1-27　采用卡盘和顶尖装夹工件的方式

(3)工艺路线的确定

①工序的划分

数控车削加工工序的划分,可以按下列方式进行:

- 以一次安装工件所进行的加工作为一道工序。将位置精度要求较高的表面加工,安排在一次安装下完成,以免多次安装所产生的安装误差影响位置精度。
- 以粗、精加工划分工序。粗、精加工分开可以提高加工效率,对于容易发生加工变形的零件,更应将粗、精加工内容分开。
- 以同一把刀具加工的内容划分工序。根据零件的结构特点,将加工内容分成若干部分,每一部分用一把典型刀具加工,这样可以减少换刀次数和空行程时间。
- 以加工部位划分工序。根据零件的结构特点,将加工的部位分成几个部分,每一部分的加工内容作为一个工序。

②工序顺序的安排
- 基面先行。先加工定位基准面,减少后面工序的装夹误差。如轴类零件,先加工中心孔,再以中心孔为精基准加工外圆表面和端面。
- 先粗后精。先对各表面进行粗加工,然后再进行半精加工和精加工,逐步提高加工精度。
- 先近后远。离对刀点近的部位先加工,离对刀点远的部位后加工,以便缩短刀具移动距离,减少空行程时间。同时有利于保持工件的刚性,改善切削条件。
- 内外交叉。先进行内、外表面的粗加工,后进行内、外表面的精加工。不能加工完内(或外)表面后再加工外(或内)表面。

4. 数控车削工艺参数的选择

(1) 加工余量的选择

加工余量是指毛坯实际尺寸与零件图纸尺寸之差。通常零件的加工要经过粗加工、半精加工和精加工才能达到图纸要求,因此,零件总的加工余量应等于中间工序加工余量之和。在选择加工余量时,要考虑以下几个因素:

①零件的大小不同,切削力、内应力引起的变形也不同,通常工件越大,变形也越大,所以大工件的加工余量也相应地大一些。

②零件在热处理后要发生变形,因此,这类零件要适当增大一点加工余量。

③加工方法、装夹方式和工艺装备的刚性,也会引起零件的变形,所以也要考虑加工余量。

(2) 切削用量的确定

切削用量主要包括切削速度、进给量(进给速度)和背吃刀量(切削深度)。切削用量的大小,直接影响机床性能、刀具磨损、加工质量和生产效率。合理选择切削用量,对于充分发挥机床性能和刀具的切削性能,提高切削效率,降低加工成本具有重要意义。

①背吃刀量的确定

背吃刀量的选择应根据加工余量确定。它主要受机床、刀具和工件系统刚度的制约,在系统刚度允许的情况下,尽量选择较大的背吃刀量。粗加工时,在不影响加工精度的条件下,可使背吃刀量等于零件的加工余量,这样可以减少走刀次数。半精加工($Ra=1.25\sim10~\mu m$)时,背吃刀量 a_p 可取 $0.5\sim2~mm$。精加工($Ra=0.32\sim1.25~\mu m$)时,背吃刀量 a_p 可取 $0.2\sim0.4~mm$。

在工件毛坯加工余量很大或余量不均匀的情况下,粗加工要分几次进给,这时前几次进给的背吃刀量应取得大一些。

②主轴转速的确定

- 光车时的主轴转速。主轴转速要根据机床和刀具允许的切削速度来确定,可以用计算法或查表法来选取。切削速度确定之后,用下式计算主轴转速:

$$n = 1\,000 v_c / (\pi d)$$

式中,n 为主轴转速,r/min;v_c 为切削速度,m/min;d 为工件直径,mm。

对于有级变速的车床,要根据计算值选择相近的转速。

在确定主轴转速时,还应考虑以下几点:

a. 应尽量避开产生积屑瘤的速度区域。

b. 间断切削时,应适当降低转速。

c. 加工大件、细长件和薄壁件时,应选较低转速。

d. 加工带外皮的工件时,应适当降低转速。

表1-6为硬质合金刀具外圆切削速度的参考数值,供选用。

表1-6　　　　　　　　硬质合金刀具外圆切削速度的参考数值

工件材料	热处理状态	$a_p = 0.3 \sim 2$ mm $f = 0.08 \sim 0.3$ mm·r^{-1} $v_c/(\text{m·min}^{-1})$	$a_p = 2 \sim 6$ mm $f = 0.3 \sim 0.6$ mm·r^{-1} $v_c/(\text{m·min}^{-1})$	$a_p = 6 \sim 10$ mm $f = 0.6 \sim 1$ mm·r^{-1} $v_c/(\text{m·min}^{-1})$
低碳钢	热轧	140～180	100－120	70～90
中碳钢	热轧	130～160	90～110	60～80
中碳钢	调质	100～130	70～90	50～70
合金结构钢	热轧	100～130	70～90	50～70
合金结构钢	调质	80～110	50～70	40～60
工具钢	退火	90～120	60～80	50～70
灰铸铁	<190HBS	90～120	60～80	50～70
灰铸铁	190～225HBS	80～110	50～70	40～60
高锰钢	—	—	10～20	—
铜及铜合金	—	200～250	120～180	90～120
铝及铝合金	—	300～600	200～400	150～200
铸铝合金	—	100～180	80～150	60～100

- 切削螺纹时的主轴转速

在切削螺纹时,车床主轴的转速将受螺纹的螺距、电动机调速和螺纹插补运算等因素的影响,转速不能过高。通常按下式计算主轴转速:

$$n \leqslant 1\,200/p - k$$

式中,n 为主轴转速,r/min;p 为螺纹的导程,mm;k 为安全系数,一般取80。

③进给速度的确定

进给速度是指在单位时间内,刀具沿进给方向移动的距离,单位为 mm/min。

进给速度要根据零件的加工精度、表面粗糙度、刀具和工件的材料来选择,受机床、刀具、工件系统刚度和进给驱动及控制系统的限制。

- 确定进给速度的原则

a. 在保证工件质量和运行安全的条件下，尽量选择较高的进给速度，一般不超过 2 000 mm/min。

b. 切断、车削深孔或精车时，宜选择较低的进给速度。

c. 刀具空行程时，可选择较高的进给速度。

- 确定进给速度的方法

进给速度可根据进给量和主轴转速按下式计算：

$$F = n \cdot f$$

式中，F 为进给速度，mm/min；n 为主轴转述，即工件或刀具的转速，r/min；f 为进给量，mm/r。粗车时，$f = 0.3 \sim 0.8$ mm/r，精车时，$f = 0.1 \sim 0.3$ mm/r，切断时，$f = 0.05 \sim 0.2$ mm/r。

表 1-7 给出了硬质合金刀具粗车外圆时进给量的参考数值，表 1-8 为按表面粗糙度选择进给量的参考数值，供选用。

表 1-7　　硬质合金刀具粗车外圆时进给量的参考数值

车刀刀柄尺寸 $B \times H/(\text{mm} \times \text{mm})$	工件直径 d_w/mm	背吃刀量 a_p/mm				
		3	5	8	12	12 以上
		进给量 $f/(\text{mm} \cdot \text{r}^{-1})$				
16×25	20	0.3~0.4	—	—	—	—
	40	0.4~0.5	0.3~0.4	—	—	—
	60	0.5~0.7	0.4~0.6	0.3~0.5	—	—
	100	0.6~0.9	0.5~0.7	0.5~0.6	0.4~0.5	—
	400	0.8~1.2	0.7~1.0	0.6~0.8	0.5~0.6	—
20×30 25×25	20	0.3~0.4	—	—	—	—
	40	0.4~0.5	0.3~0.4	—	—	—
	60	0.5~0.7	0.5~0.7	0.4~0.6	—	—
	100	0.8~1.0	0.7~0.9	0.5~0.7	0.4~0.7	—
	400	1.2~1.4	1.0~1.2	0.8~1.0	0.6~0.9	0.4~0.6
52×50	60	0.6~0.9	0.5~0.8	0.4~0.7	—	—
	100	0.8~1.2	0.7~1.1	0.6~0.9	0.5~0.8	—
	1 000	1.2~1.5	1.1~1.5	0.9~1.2	0.8~1.0	0.7~0.8
30×45	500	1.1~1.4	1.1~1.4	1.0~1.2	0.8~1.2	0.7~1.1
40×60	2 500	1.3~2.0	1.3~1.8	1.2~1.6	1.1~1.5	1.0~1.5

表1-8　　按表面粗糙度选择进给量的参考数值

刀具	表面粗糙度 $Ra/\mu m$	工件材料	κ_r	切削速度范围 $v/(m \cdot min^{-1})$	刀具半径 r_a/mm 0.5	1.0	2.0
					进给量 $f/(mm \cdot r^{-1})$		
$\kappa_r>0°$的车刀	12.5	中碳钢	5°	不限制	—	1.00~1.10	1.30~1.50
			10°			0.80~0.90	1.00~1.10
		灰铸铁	15°			0.70~0.80	0.90~1.00
	6.3	中碳钢	5°	不限制	—	0.55~0.70	0.70~0.85
		灰铸铁	10°~15°			0.45~0.60	0.60~0.70
	3.2	中碳钢	5°	<50	0.22~0.30	0.25~0.35	0.30~0.45
				50~100	0.23~0.35	0.35~0.40	0.40~0.55
				>100	0.35~0.40	0.40~0.50	0.50~0.60
			10°~15°	<50	0.18~0.25	0.25~0.30	0.30~0.45
				50~100	0.25~0.30	0.30~0.35	0.35~0.55
				>100	0.30~0.35	0.35~0.40	0.50~0.55
		灰铸铁	5°	限制	—	0.30~0.50	0.45~0.65
			10°~15°			0.25~0.40	0.50~0.55
	1.6	中碳钢	≥5°	30~50	—	0.11~0.15	0.14~1.22
				50~80		0.14~0.20	0.17~0.27
				80~100		0.16~0.25	0.25~0.35
				100~130	—	0.20~0.30	0.25~0.39
				>130		0.25~0.30	0.25~0.39
		灰铸铁	≥5°	不限制	—	0.15~0.25	0.20~0.35
	0.8	中碳钢	≥5°	100~110	—	0.12~0.18	0.14~0.17
				110~130		0.13~0.18	0.17~0.23
				>130		0.17~0.20	0.21~0.27
$\kappa_r=0°$的车刀	12.5, 6.3	中碳钢	0°	不限制	5.0以下		
		灰铸铁					
	3.2	中碳钢	0°	≥50	5.0以下		
		灰铸铁		不限制			
	1.6, 0.8	中碳钢	0°	≥100	4.0~5.0		
	1.6	灰铸铁	0°	不限制	5.0		

五、数控铣削加工工艺的编制

1. 工艺分析

分析零件图,了解图形的结构要素,明确零件的材料、加工内容和技术要求。掌握图形几何元素间的相互关系和几何元素建立的充要条件。分析零件的设计基准和尺寸标注方法,为编程原点的选择和尺寸的确定做好准备。

(1)应熟悉零件在产品中的位置、作用、装配关系和工作条件,明确各项技术要求对零件装配质量和使用性能的影响。

(2)分析零件图的尺寸标注方法。零件图上的尺寸标注应适应数控机床加工的要求。在数控加工零件图上,应以同一基准标注尺寸或直接给出坐标尺寸,这样既便于编程,又有利于设计基准、工艺基准、测量基准和编程原点的统一。

(3)分析零件图的完整性与正确性。构成零件轮廓几何元素的尺寸和相互关系(相交、相切、同心、垂直、平行等)是数控编程的重要依据。手工编程时,要依据这些条件计算每一个基点或节点的坐标;自动编程时,要根据这些条件对构成零件的所有几何元素进行定义,无论哪一个条件不正确,编程都无法进行。

(4)分析零件的技术要求。零件的技术要求主要是指尺寸精度、形状精度、位置精度、表面粗糙度及热处理等。这些要求在保证零件使用性能的前提下,应该适度、合理。过高的精度和表面粗糙度要求会使工艺过程复杂,加工制造困难,零件的生产成本提高。

2. 编程尺寸的确定

在实际加工中,零件各处尺寸的公差带不一定相同,若用同一把铣刀,同一个刀具补偿值编程加工,很难保证各处尺寸在其公差范围内。因此,对于带有公差的尺寸,应对公差带做适当的调整,如图 1-28 所示,将基本尺寸换算成公差中值尺寸(图中括号内的尺寸),计算与编程时用括号内的尺寸来进行。

3. 工件的装夹与定位

(1)定位方式的选择

工件的定位是通过工件上的定位基准面和夹具上的定位元件工作表面之间的配合或接触实现的,常见的定位方式有平面定位、圆孔定位和外圆柱面定位等。

工件以平面定位时,常用的定位元件有固定支承、可调支承、浮动支承和辅助支承。

工件以圆孔定位时,常用的定位元件有定位销、圆柱心轴和圆柱销。

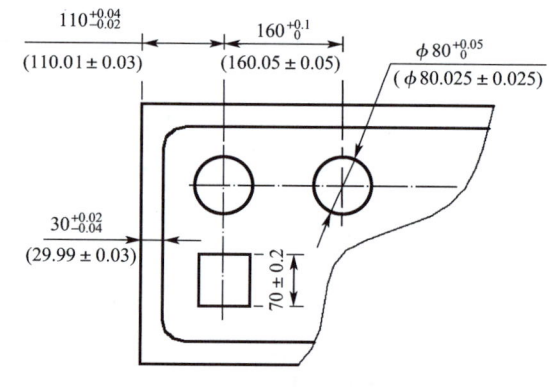

图 1-28 公差尺寸的调整

工件以外圆柱面定位时,常用的定位元件有 V 形块、支承板或支承钉、定位套、半圆孔衬套、锥套和三爪自定心卡盘等。

工件以一面两孔定位,这是数控铣床加工过程中最常用的定位方式之一,即以工件上的一个较大的平面和相距较远的两个孔组合定位。

(2)夹紧方式的选择

工件定位后,必须通过一定的机构,把工件压紧在定位元件上,使其不因切削力、重力、惯性力而产生位置变化和振动,保持准确的定位位置。夹紧方式的选择,主要是选择夹紧力的大小、方向和作用点。

①夹紧力的大小

夹紧力的大小直接影响工件安装的可靠性和工件、夹具的变形,在选择和确定夹紧力的大小时,主要考虑切削力、离心力、惯性力和工件重力的作用,同时也要注意工件和夹具的刚度影响。

②夹紧力的方向

夹紧力的方向应指向主要定位基准,不应因夹紧力的作用而影响定位的准确。工件的 A 面为主要定位基准,夹紧力 F 的方向应指向 A 面,如图 1-29(a)所示;如果夹紧力 F 指向 B 面,如图 1-29(b)所示,由于工件 A 面与 B 面的夹角误差,夹紧时被加工孔的定位位置将被破坏。

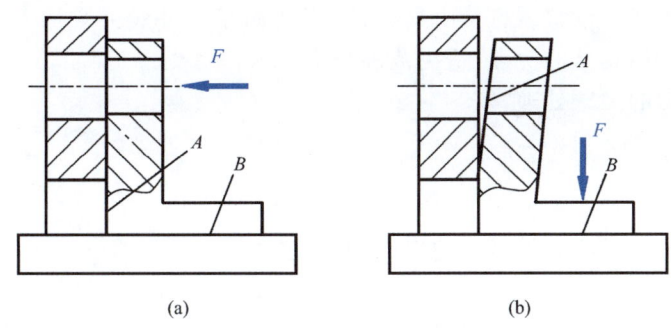

图 1-29　夹紧力的方向

③夹紧力的作用点

如图 1-30 所示,夹紧力的作用点应落在定位元件的支承范围内,尽量靠近工件的加工表面。这样可提高工件的装夹稳定性,防止和减少工件产生振动。同时,要避免工件因夹紧力的作用而产生变形。

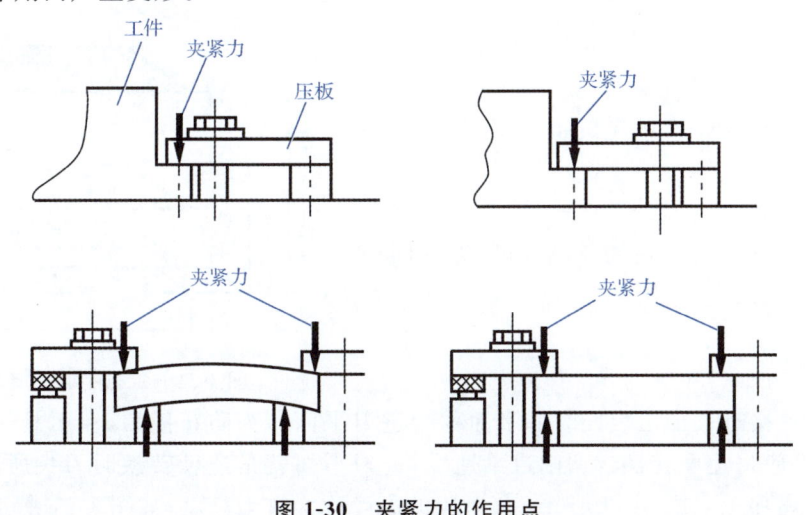

图 1-30　夹紧力的作用点

(3)夹具的分类

铣床和加工中心所用的夹具很多,按夹具的驱动方式可分为手动夹具、气动夹具、液压夹具、电动夹具、磁力夹具、真空夹具等。按专门化程度可分为通用夹具、专用夹具、组合夹具和可调夹具。

通用夹具是指已经标准化,不需要调整或稍加调整就可以用来装夹不同工件的夹具。如卡盘、平口虎钳、万能分度头等。这类夹具主要用于单件小批量生产的场合。

专用夹具是指专为某一工件的加工而设计、制造的夹具。这类夹具使用方便,结构紧凑,但适应范围窄,针对性强,适用于某一产品的大批量生产的场合。

组合夹具是指按一定的工艺要求,由一套通用的标准元件和部件组合而成的夹具。这类夹具可以根据工件的具体结构和工艺内容,选择不同的元件和部件组合而成,使用完毕后,可以拆成元件或部件,待加工其他工件时重新组合使用。它适用于中、小批量生产或新产品的试制加工。

可调夹具是指通过调整或更换少量元件,就能满足工件装夹与加工要求的夹具。它兼有通用夹具和专用夹具的优点,适用范围较宽。

4. 进刀与退刀的工艺处理

(1)基本概念

①程序起始点

程序起始点是指程序开始时刀位点的初始位置。

②程序返回点

程序返回点是指程序执行完毕时刀位点返回后的位置,一般为换刀点。

③进刀点

进刀点是指在曲面开始切削时刀具与曲面的接触点。

④退刀点

退刀点是指曲面切削完毕后刀具与曲面的接触点。

⑤起始平面

程序开始时刀尖的初始位置所在的 Z 平面称为起始平面。该平面一般应在工件最高点之上 50～100 mm 处,其对应的高度称为起始高度,如图 1-31 所示。

⑥返回平面

程序结束时刀尖所在的 Z 平面称为返回平面。该平面一般与起始平面重合,如图 1-31 所示。

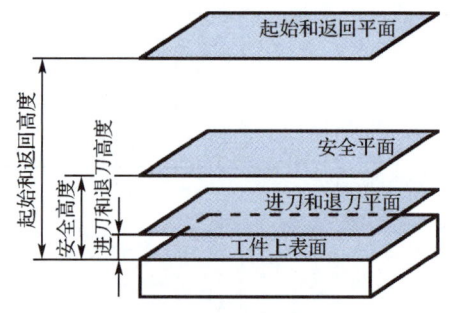

图 1-31 工艺平面的概念

⑦进刀平面

刀具快速接近被加工表面时的平面称为进刀平面。为防止撞刀,在刀具快速接近被加工表面时,应将速度转换成切削进给速度,进刀平面就是速度转换时刀尖所在的平面,该平面应距离加工表面 5～10 mm,其对应的高度称为进刀高度,如图 1-31 所示。

⑧退刀平面

刀具完成一项切削加工后,以切削进给速度离开工件表面 5～10 mm 后,转为快速返回安全平面,这个速度转换时刀尖所在的平面称为退刀平面。该平面一般与进刀平面重合,如图 1-31 所示。

⑨安全平面

刀具完成一项切削任务后,沿 Z 轴方向返回一段距离,这时刀尖所在的 Z 平面称为安全平面,其对应的高度称为安全高度,如图 1-31 所示。

(2)选择程序起始点、返回点、进刀点和退刀点的原则

①选择程序起始点、返回点的原则

起始点和返回点的 X、Y 坐标值最好为零,Z 坐标定义在高出被加工零件的最高点 50～100 mm 的位置。在同一个程序中,起始点和返回点最好相同,如果一个零件的加工需要几个程序来完成,那么,这几个程序的起始点和返回点也最好完全相同,以免引起加工操作上的麻烦。

②选择进刀点的原则

粗加工时,进刀点选择在曲面内最高的角点,这样可使切削余量最小,进刀时,不易损坏刀具。精加工时,进刀点选择在曲面内曲率比较平缓的角点,这样可使刀具所受弯矩较小,不易折断刀具。

③选择退刀点的原则

选择退刀点时,主要考虑曲面加工的连续性和尽量缩短加工时间,提高机床的有效工作时间。

5. 加工路线的确定

(1)孔加工路线的确定

对于孔的位置精度要求较高的零件,孔加工的路线一定要注意孔的定位基准一致,即采用单向趋近定位的方法,以避免传动系统反向间隙误差对定位精度的影响,如图 1-32(a)所示的孔系加工路线。在加工孔 5 时,X 方向的反向间隙将影响孔 5 的位置精度,即孔 5 的定位方向与孔 4 不一致,使孔 4、5 的加工间距小于孔 2、3 的间距,产生位置误差。如果改用图 1-32(b)所示的加工路线,可以使孔的定位方向一致,从而避免了因反向间隙而造成的位置误差。

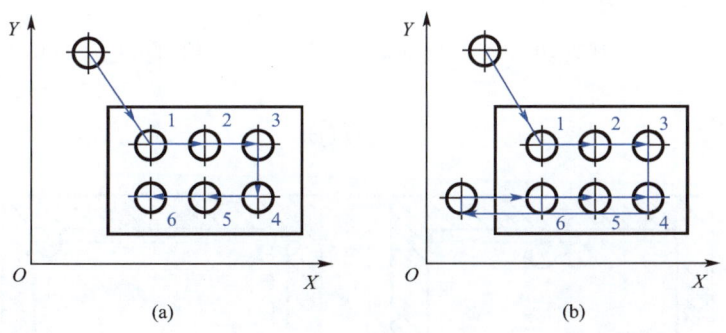

图 1-32 孔系加工路线

对于位置精度要求不高的孔系零件加工,应减少刀具空行程时间或切削进给时间,使走

刀路线最短,提高加工效率。如图1-33所示,图1-33(b)所示的钻孔加工路线比图1-33(a)所示的钻孔加工路线短,故选择图1-33(b)所示的钻孔加工路线可节省加工时间。

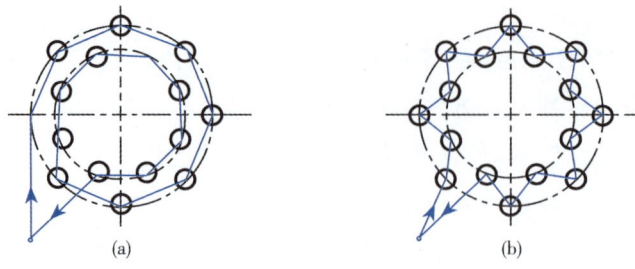

图1-33 钻孔加工路线的选择

(2)内、外圆弧加工路线的确定

如图1-34所示,加工内圆弧时,刀具应按照与零件内表面相切的圆弧轨迹进刀和退刀,这样可以提高圆弧内表面的加工精度和表面质量。加工外圆弧时,刀具要沿切线方向进刀,加工完毕后,不要在切点处直接退刀,要沿切线方向多走一段距离,以免取消刀补时,刀具与工件相碰,或在切点处留下退刀痕迹,如图1-35所示。

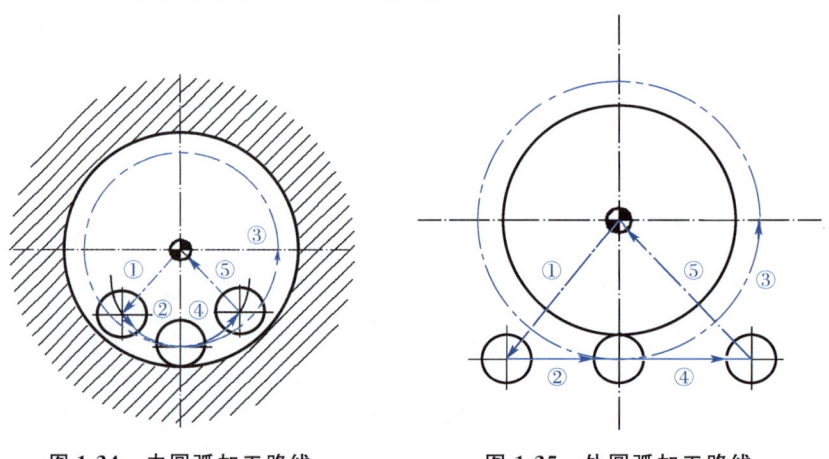

图1-34 内圆弧加工路线　　　　图1-35 外圆弧加工路线

(3)矩形槽加工路线的确定

如图1-36(a)所示,刀具切入和切出时,应远离矩形拐角,防止因刀具补偿时在拐角处留下凹口,如图1-36(b)所示。

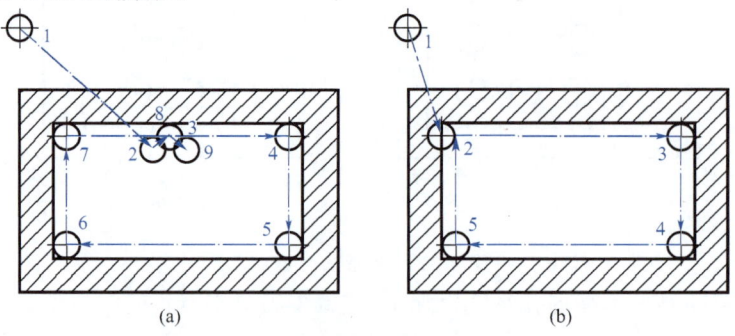

图1-36 矩形内轮廓加工路线

(4)外轮廓加工路线的确定

当采用立铣刀侧刃切削外轮廓时,刀具应沿外轮廓曲线延长线的切向进刀,不要沿零件外轮廓曲线的法向进刀,以免在切入处产生刀痕而影响表面质量。零件加工完毕退刀时,也要沿零件轮廓延长线的切向逐渐远离工件,保证零件外轮廓曲线的光滑过渡,如图1-37所示。

(5)内轮廓加工路线的确定

铣削封闭的内轮廓表面时,要沿轮廓延长线的切向进刀和退刀。若内轮廓曲线不能外延时,可沿内轮廓曲线的法向进刀和退刀,进、退刀点应尽量选择在内轮廓曲线两几何元素的交点处,如图1-38所示。

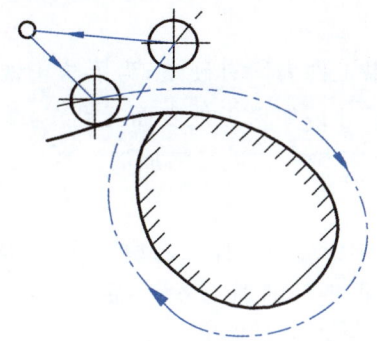

图1-37 外轮廓加工路线

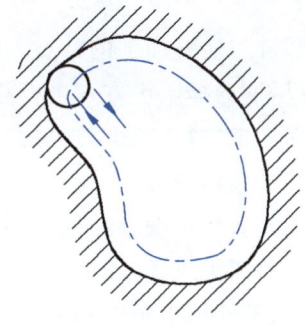

图1-38 沿曲线法向进刀和退刀

(6)刀具沿轴向进刀和退刀

刀具沿轴向进刀和退刀是数控加工中最常用的进、退刀方式。它定义简单,动作快捷,但是在工件表面的进、退刀位置易留下驻刀痕迹,影响工件表面加工精度和质量。

(7)沿螺旋线或斜线进刀

当多层切削时,刀具从上一层的高度沿螺旋线或斜线的方向逐渐切至下一层的高度,然后在这一高度上进行切削,直至切削完毕。

6. 切削方式的确定

(1)顺铣与逆铣的概念

铣刀的旋转方向与工件的进给方向一致时称为顺铣,反之称为逆铣,如图1-39所示。

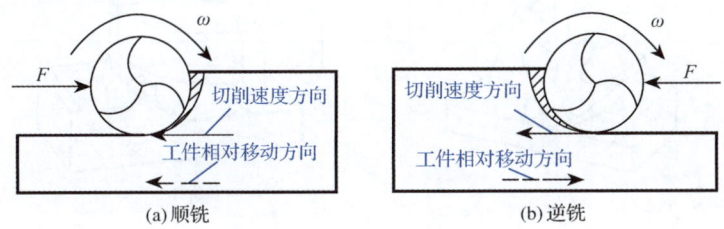

图1-39 顺铣与逆铣

(2)顺铣与逆铣的特点

顺铣时,刀具从待加工表面切入,当零件表面有硬皮时,会加速刀齿的磨损甚至打刀。但刀齿的切削厚度从最大开始到最小,避免了刀齿与加工表面产生的滑行与挤压现象,同时,因切削力的垂直分力压向工作台,减小了工件的上下振动,提高了表面的加工质量。

逆铣时,刀具从已加工表面切入,刀齿不会因毛坯面硬度大而出现崩刃和打刀现象,但是,切削厚度从零开始逐渐增大,当铣刀刃口钝圆半径大于瞬时切削厚度时,刀齿在工件表面上挤压、滑行,切不下切屑,使这段表面产生冷硬层,加速刀具的磨损,降低表面加工质量,同时,刀具切削力的垂直分力方向背离工作台,影响工件的夹紧,容易使工件产生振动,降低表面加工精度。

(3)顺铣与逆铣的选择

根据顺铣与逆铣加工的特点,在粗加工时,如果工件表面有硬皮,为了防止铣刀崩刃和打刀,应尽量选择逆铣方式进行粗加工。在精加工时,如果工件表面无硬皮,为了提高零件的表面加工质量,减少刀具的磨损,应尽量采用顺铣方式进行精加工。

7. 工艺参数的选择

选择工艺参数是编制数控程序的重要内容,科学合理地选择工艺参数,可以提高切削效率和零件的加工质量,降低生产成本。因此要根据零件的加工方法、使用的数控设备、选择的刀具、零件加工精度和表面质量的要求,正确合理地选择工艺参数。

(1)背吃刀量和侧吃刀量的确定

合理确定切削用量,对于发挥刀具的最佳性能,保证零件的加工质量,提高数控机床的生产率,降低零件的加工成本具有重要的意义。在选择切削用量时,首先选择背吃刀量和侧吃刀量,其次确定进给速度,最后确定切削速度。

①背吃刀量和侧吃刀量的概念

背吃刀量 a_p 是指平行于铣刀轴线的切削层尺寸,端铣时为切削层的深度,周铣时为切削宽度,如图1-40所示。

侧吃刀量 a_e 是指垂直于铣刀轴线的切削层尺寸,端铣时为被加工表面的宽度,周铣时为切削层的深度,如图1-40所示。

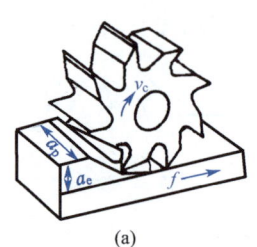
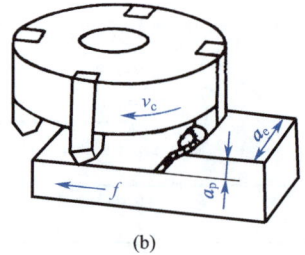

(a)　　　　　　　　(b)

图 1-40　铣削要素

②背吃刀量和侧吃刀量的确定

吃刀量对刀具的耐用度影响较小,在确定背吃刀量和侧吃刀量时,要根据机床、夹具、刀具、工件的刚度和被加工零件的精度要求来决定。如果零件精度要求不高,在工艺系统刚度允许和机床动力范围内,尽量加大吃刀量,提高加工效率。如果零件精度要求高,应减小吃刀量,增加走刀次数。

(2)进给速度的确定

进给速度 F 是刀具切削时,单位时间内工件与刀具沿进给方向的相对位移,单位为 mm/min。对于多齿刀具,其进给速度 F、刀具转速 n、刀具齿数 z 和每齿进给量 f_z 的关系为

$$F = n \cdot z \cdot f_z$$

对于多坐标联动的数控机床,数控程序给定的进给速度是各坐标的合成运动速度,其分速度是根据进给速度与各运动坐标分量来计算的。

进给速度是影响刀具耐用度的主要因素,在确定进给速度时,要综合考虑零件的加工精度、表面粗糙度、刀具及工件的材料等因素,参考切削用量手册选取。

粗加工时,主要考虑机床进给机构和刀具的强度、刚度等限制因素,根据被加工零件的材料、刀具尺寸和已确定的背吃刀量,选择进给速度。

半精加工和精加工时,主要考虑被加工零件的精度、表面粗糙度、工件和刀具的材料性能等因素的影响。工件表面粗糙度值越小,进给速度越小;工件材料的硬度越大,进给速度越小;工件、刀具的刚度和强度小时,进给速度应选较小值;工件表面的加工余量大,进给速度应小一些,反之,工件表面的加工余量小,进给速度应大一些。

(3)切削速度的确定

切削速度 v_c 是刀具切削刃的圆周线速度。它可用经验公式计算,也可根据已经选好的背吃刀量、进给速度及刀具的耐用度,在机床允许的切削速度范围内查取,或参考有关切削用量手册选用。切削速度应尽量避开积屑瘤产生的区域;断续切削时,为减小冲击和热应力,要适当切削速度。

在易发生振动的情况下,切削速度应避开自激振动的临界速度;加工细长件和薄壁工件时,应选用较小的切削速度;加工带外皮的工件时,应适当降低切削速度。

需要强调的是切削用量的选择虽然可以查阅切削用量手册或参考有关资料确定,但是就某一个具体零件而言,通过这种方法确定的切削用量未必就非常理想,有时需要结合实际进行试切,才能确定比较理想的切削用量。因此,需要在实践当中不断进行总结和完善。常用工件材料的铣削速度参考值见表1-9。

(4)主轴转速的确定

前已述及,主轴转速 n 可根据切削速度和刀具直径按下式计算:

$$n = 1\,000v_c/(\pi d)$$

式中，n 为主轴转速，r/min；v_c 为切削速度，m/min；d 为刀具直径，mm。

表 1-9　　　　　　　　　常用工件材料的铣削速度参考值

工件材料	硬度（HB）	铣削速度 v_c/(m·min^{-1}) 高速钢铣刀	铣削速度 v_c/(m·min^{-1}) 硬质合金铣刀	工件材料	硬度（HB）	铣削速度 v_c/(m·min^{-1}) 高速钢铣刀	铣削速度 v_c/(m·min^{-1}) 硬质合金铣刀
低、中碳钢	<220	21～40	80～150	工具钢	200～250	12～24	36～84
低、中碳钢	225～290	15～36	60～114	灰铸铁	100～140	24～36	110～115
低、中碳钢	300～425	9～20	40～75	灰铸铁	150～225	15～21	60～100
高碳钢	<220	18～36	60～132	灰铸铁	230～290	9～18	45～90
高碳钢	225～325	41～24	53～105	灰铸铁	300～320	5～10	21～30
高碳钢	325～375	9～12	36～48	可铸锻铁	110～160	42～50	100～200
高碳钢	375～425	6～10	36～45	可铸锻铁	160～200	24～36	83～120
合金钢	<202	15～36	55～120	可铸锻铁	200～240	15～24	72～110
合金钢	225～325	10～24	40～80	可铸锻铁	240～280	9～21	40～60
合金钢	325～425	6～9	30～60	铝镁合金	95～100	180～600	360～600

（5）加工余量的确定

加工余量是指零件毛坯的实体尺寸大于零件图纸尺寸的部分。加工余量对零件的加工质量和生产效率均有直接的影响。当加工余量较大或加工精度要求较高时，通常要经过粗加工、半精加工和精加工才能达到最终的要求。因此，总加工余量应等于各个工序加工余量之和。

在确定加工余量时，首先要保证零件的加工质量，其次要尽量减小加工余量，缩短加工时间，降低加工费用。在多工序加工中，要合理分配各工序间的加工余量。

在确定最小加工余量时，主要考虑零件的表面质量要求和表面缺陷的程度，要注意工件的装夹误差、弹性变形和表面形状误差的影响。

在确定各工序间的加工余量时，要考虑因零件的大小不同，切削力、内应力引起的变形差异，要使最后工序的加工余量，能够满足零件图纸上所规定的表面粗糙度和精度的要求。

1.3　数控加工常用刀具

数控刀具主要是指数控车床、数控铣床和加工中心机床上所使用的刀具。随着数控机床的发展，现在的数控机床刀具已不是普通机床所采用的一机一刀的模式，而是各种不同类型的刀具同时在数控机床上轮换使用,实现自动换刀。因此,"刀具"的含义已扩展为"数控工具系统"。

一、数控刀具的种类

1. 按数控刀具的结构分

(1)整体式刀具:由整块材料根据不同用途磨削而成的刀具。

(2)镶嵌式刀具:将刀片以焊接或机夹的方式镶嵌在刀体上的刀具。

(3)减振式刀具:当刀具的工作臂较长时,为了减小刀具在切削时的振动所采用的一种特殊结构的刀具。

(4)内冷式刀具:切削液通过主轴传递到刀体内部,由喷嘴喷射到刀具切削部位的刀具。

(5)特殊式刀具:如具有强力夹紧、可逆攻丝功能的刀具。

2. 按数控刀具的材料分

(1)高速钢刀具。

(2)硬质合金刀具。

(3)陶瓷刀具。

(4)立方氮化硼刀具。

(5)聚晶金刚石刀具。

3. 按数控刀具的切削工艺分

(1)车削刀具:有外圆车刀、切槽车刀和成形车刀等,如图1-41(a)所示。

(2)镗削刀具:有单刃镗刀、双刃镗刀和多刃组合镗刀等,如图1-41(b)所示。

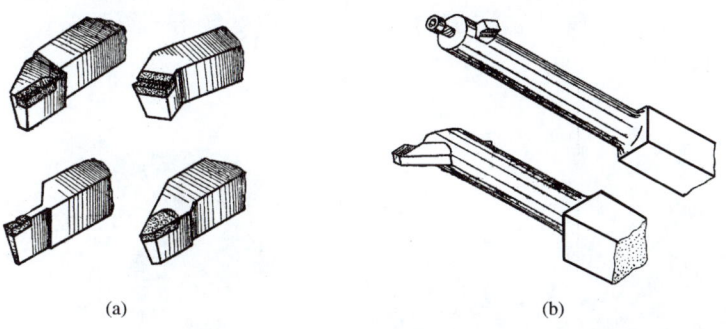

图 1-41 车削与镗削刀具

(3)钻削刀具:有普通麻花钻、浅孔钻和喷吸钻等。

(4)铣削刀具:有面铣刀、立铣刀、T形铣刀和燕尾铣刀等,如图1-42所示。

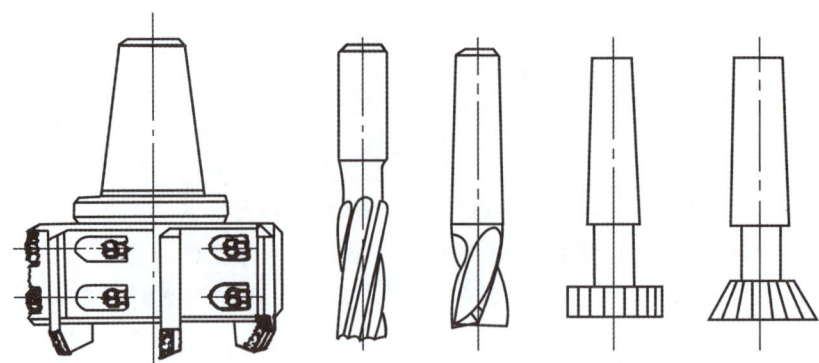

图 1-42　铣削刀具

4. 按数控机床的工具系统分

（1）整体式工具系统。

（2）模块式工具系统。

二、数控车削刀具

1. 数控车削刀具的认知

数控车床的刀架是机床的重要组成部分，其结构直接影响机床的切削性能和零件的加工质量，也体现了数控车床的设计与制造水平。目前，广泛采用的转塔式刀架有立式和卧式两种结构形式，如图 1-43 所示。它设有多刀位自动定位装置，通过塔头的旋转、分度和定位来实现刀具的自动更换，其分度准确，定位可靠，重复定位精度高，转位速度快，夹紧刚性好，从而确保了数控车床的高精度和高效率。转塔式刀架的工具系统如图 1-44 所示。

微课

数控车削刀具的认知

图 1-43　转塔式刀架

刀具安装后的相关尺寸是程序编制的重要数据，刀盘上每一把刀具与刀盘基面在 X 轴方向和 Z 轴方向的距离都应准确测量并标示出来，供坐标计算使用，如图 1-45 所示。

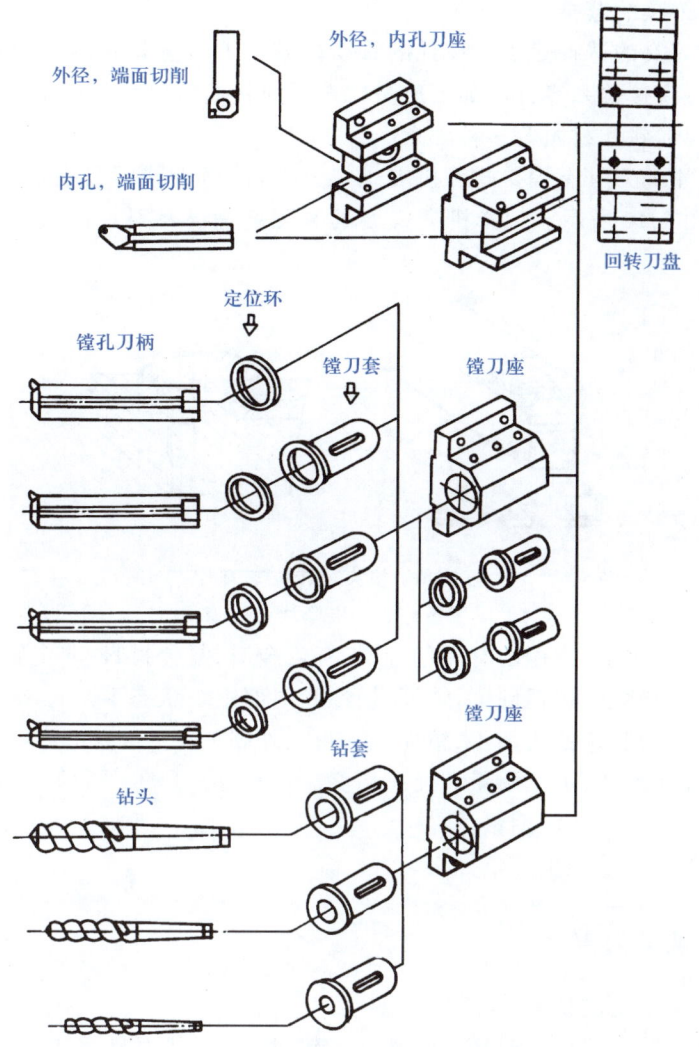

图 1-44 转塔式刀架的工具系统

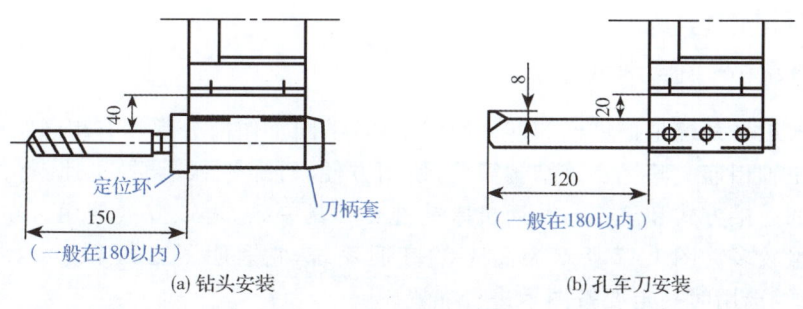

(a) 钻头安装　　　　　(b) 孔车刀安装

图 1-45 刀具安装后的相关尺寸

2. 数控车削刀具的选择

数控加工中刀具的选择是工艺设计的重要内容。刀具选择是否合适，不仅影响机床的工作效率，而且直接关系零件的加工质量。选择刀具通常要考虑机床的加工能力、工序内容、工件的几何形状和材料等多种因素。

数控车床使用的刀具有焊接式和机夹式之分，目前机夹式刀具在数控车床上得到了广泛的应用，如图1-46所示。选择机夹式刀具的关键是选择刀片，在选择刀片上要考虑以下几点：

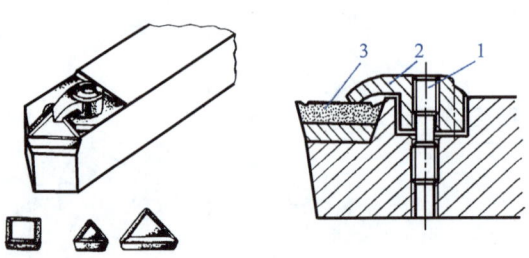

图1-46 机夹可转位车刀
1—夹紧螺钉；2—夹紧块；3—刀片

（1）工件材料的类别，常用的有黑色金属、有色金属、复合材料、非金属材料等。
（2）工件材料的性能，包括硬度、强度、韧性和内部组织状态等。
（3）切削工艺类别，包括粗加工、精加工、内孔、外圆加工等。
（4）零件的几何形状、加工余量和加工精度。
（5）要求刀片承受的切削用量。
（6）零件的生产批量和生产条件。

三、数控铣削刀具

1. 镗铣类工具系统的认知

镗铣类工具系统一般由与机床主轴连接的锥柄、连杆和刀具组成。它们经组合后可以实现钻孔、扩孔、铰孔、镗孔、攻丝等加工工艺。组合后的刀具在不使用时，通常被放置在机床的刀库里（如果自身带刀库）或专用工具架上，镗铣类工具系统有两种：整体式工具系统和模块式工具系统。

（1）整体式工具系统

整体式工具系统是把锥柄和连杆制成一体，不同工作部分都具有相同结构的刀柄，以便与机床主轴相连。其优点是结构简单，使用方便，可靠性强，调换迅速，整体刚性较强，并且刀具的连接方式和规格与普通机床镗铣类刀具一致，可以互换使用。缺点是工具的品种和数量较多。图1-47所示为TSG82工具系统，它表明了工具系统中各种工具的连接组合形式，选用时一定要按图示进行配置。

模块1 数控加工编程基础

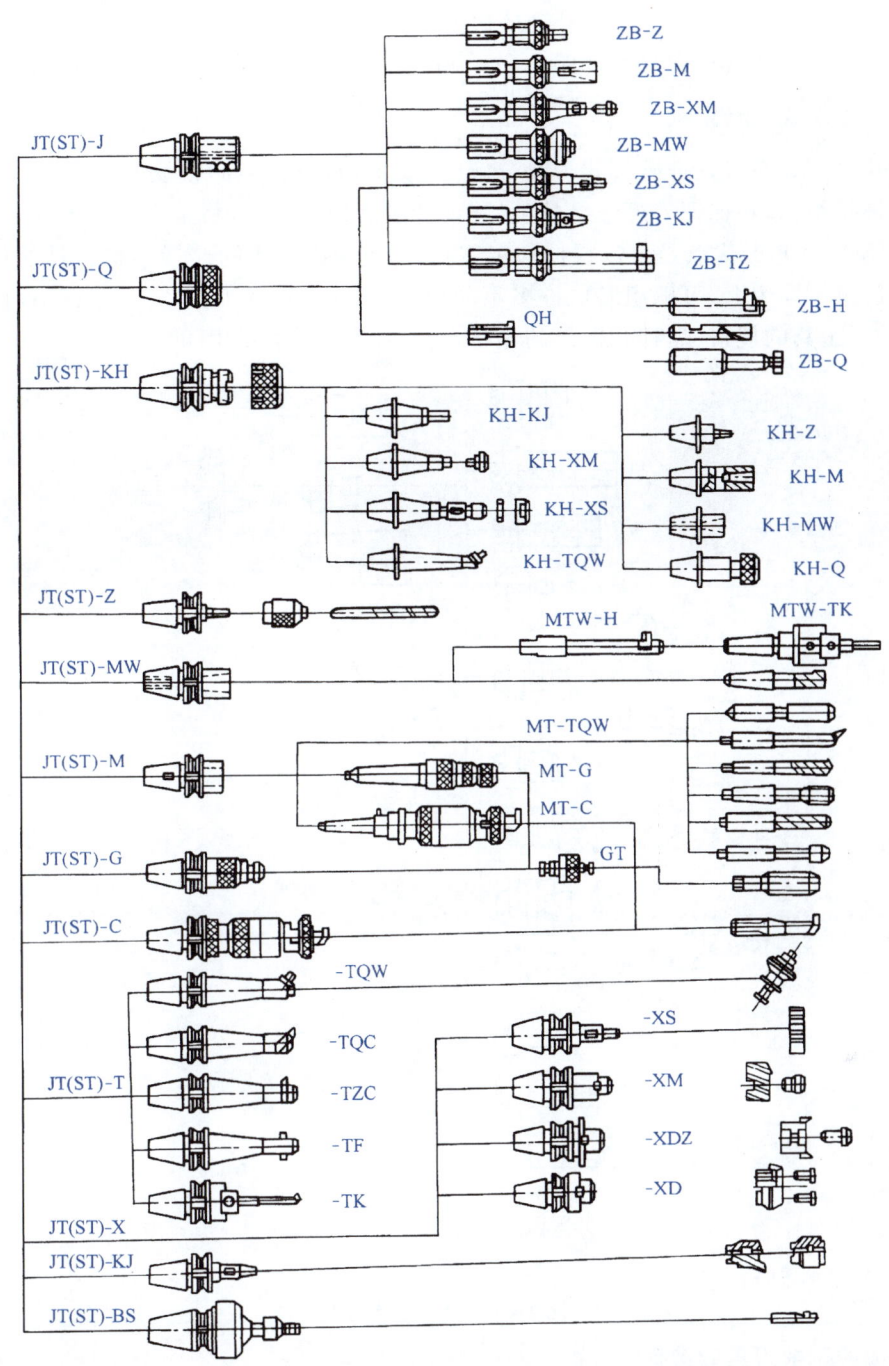

图 1-47 TSG82 工具系统

TSG82 工具系统编码标注举例：

JT45-KH40-80

说明：

JT45——加工中心用，7∶24 锥度的 45 号锥柄刀杆；

KH40——7:24 锥度的 40 号锥柄快换夹头;

80——锥柄大端至螺母端的距离为 80mm。

(2)模块式工具系统

模块式工具系统是把整体式刀具分解,制成主柄模块、中间模块和工作模块,然后通过各种连接结构,在保证刀杆连接精度、强度和刚度的前提下,将三个模块连接成整体,如图 1-48 所示。它的优点是可以根据加工需要,通过中间模块的连接调整刀具的长度。三种模块通过不同组合,可以组装成许多不同用途、不同规格的刀具,方便了制造、使用和管理,减少了工具的规格、品种和数量的储备,对企业有很高的实用价值。

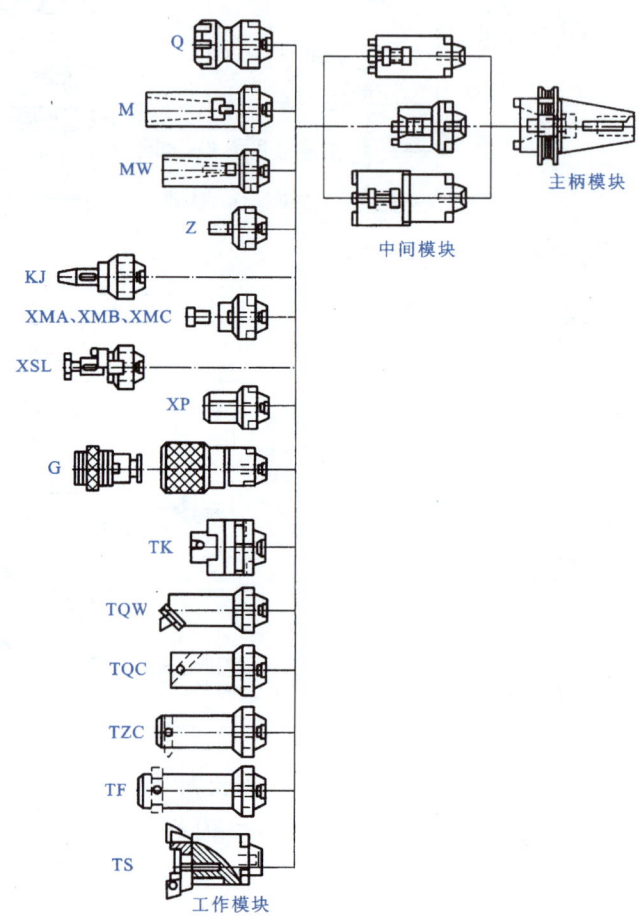

图 1-48　TMG 工具系统

2. 数控铣削刀具的选择

数控铣削刀具如图 1-49 所示,从左到右依次为鼓形铣刀、圆弧铣刀、燕尾铣刀、锥形铣刀、面铣刀和球头铣刀等。

选择数控铣刀时应注意以下几点:

(1)加工较大的平面时,应选择面铣刀。一般采用粗铣和精铣两次走刀。粗铣刀的直径要小些,减小切削扭矩;精铣刀的直径要大些,减少接刀刀痕,提高表面加工质量。

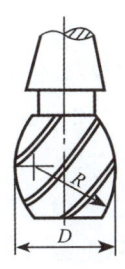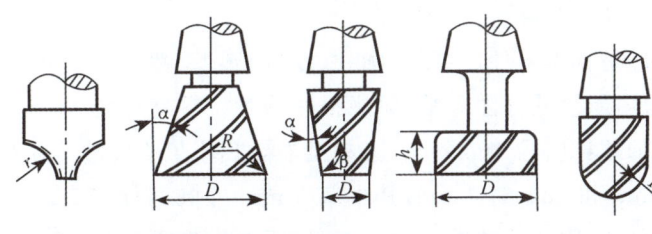

图 1-49 数控铣削刀具

（2）立铣刀多用于加工凸台、凹槽和平面零件轮廓。尽量不用高速钢立铣刀加工毛坯面，防止刀具的磨损和崩刃。毛坯面可用硬质合金立铣刀加工。

（3）曲面加工常用球头铣刀，但加工曲面较平坦的部位时应采用环形铣刀。

（4）加工空间曲面、模具型腔或凸模成形表面时多选用模具铣刀。

（5）加工封闭的键槽时选择键槽铣刀。

（6）加工变斜角零件时选择鼓形铣刀和锥形铣刀。

综合案例

连接轴零件图如图 1-50 所示，对其进行加工工艺文件的编制，并填写相关工艺文件表。

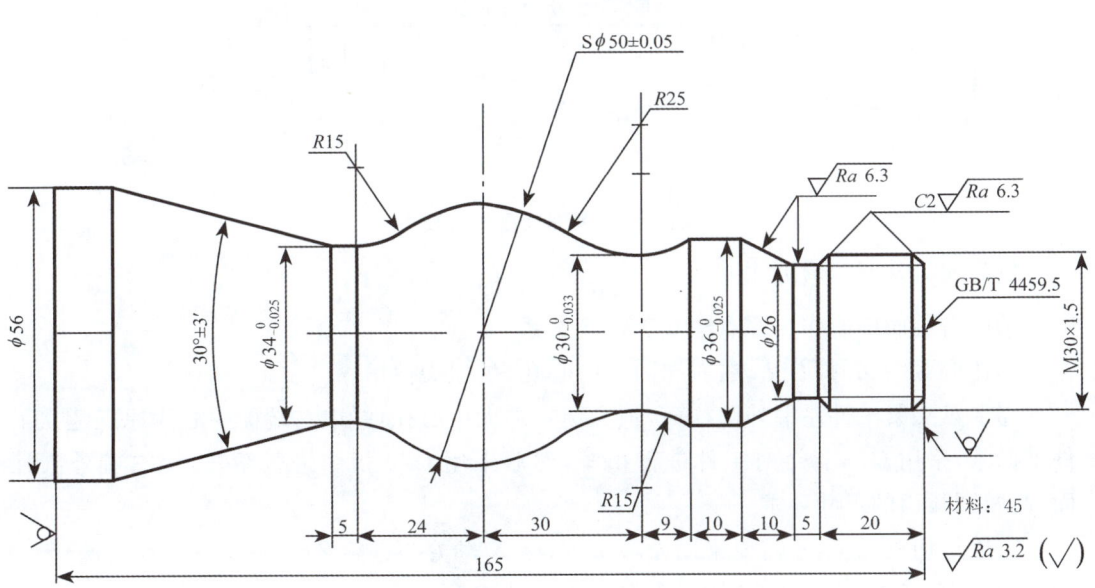

图 1-50 连接轴零件图

1. 连接轴工艺分析

该零件是轴类零件，主要由圆柱、圆锥、圆弧、螺纹等表面组合而成，主要技术要求为：曲面光滑连接，尺寸标注完整，轮廓描述清楚。零件材料为 45 钢，无热处理和硬度要求。

连接轴总长度为 165 mm，从左至右，外圆直径尺寸分别为 $\phi56$ mm、$\phi34_{-0.025}^{0}$ mm、$\phi30_{-0.033}^{0}$ mm 和 $\phi36_{-0.025}^{0}$ mm，其中 $\phi56$ mm 外圆已加工完成。因此，对这些给定精度要求较高的尺寸，因其公差数值较小，故编程时需取平均值，且对刀时尺寸测量必须保证准确无误。

在轮廓曲线上有三处圆弧，其中两处为既过象限又改变进给方向的轮廓曲线，因此在加工时应进行机械间隙补偿，以保证轮廓曲线的准确性。特别是 $S\phi50\pm0.05$ mm 球面、$\phi36_{-0.025}^{0}$ mm 圆柱面、$\phi34_{-0.025}^{0}$ mm 圆柱面及 $30°\pm3'$ 圆锥面，有较高的精度要求，而且 $S\phi50\pm0.05$ mm 球面尺寸公差还兼有控制该球面形状（线轮廓）误差的作用。

该零件右端螺纹、连接处外圆及其左侧圆锥面的表面粗糙度为 Ra 6.3 μm，其余为 Ra 3.2 μm。为保证表面粗糙度要求，精车时，应采用精车刀片，并适当提高机床主轴转速。

（1）加工顺序的确定

加工顺序按由粗到精、由近到远（由右到左）的原则确定，即先从右到左进行粗车（留 0.25 mm 精车余量）；然后从右到左进行精车，再切退刀槽，最后车削螺纹。

FANUC 0i Mate-TF 系统具有粗车循环和车螺纹循环功能，只要正确使用编程指令，机床数控系统就会自动确定其进给路线，因此，该零件的粗车循环和车螺纹循环不需要人为确定其进给路线（但精车的进给路线需要人为确定）。该零件从右到左沿零件表面轮廓精车进给，如图 1-51 所示。

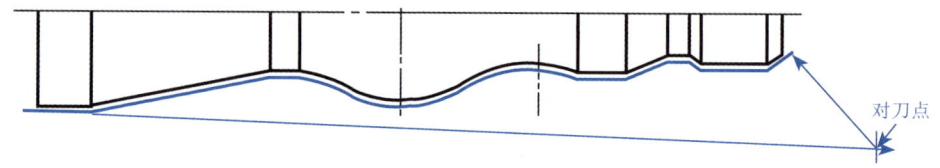

图 1-51 精车轮廓进给路线

（2）加工方案的确定

①以右端面中心作为原点建立工件坐标系。

②选取 $\phi3$ mm 中心钻，在右端面打中心孔，供顶尖使用。

③卡盘夹紧工件左端外圆柱面，顶尖顶右端面中心孔，并以右端面中心为原点建立工件坐标系，采用 G73 指令对工件进行粗车，然后采用 G70 指令进行精车，至右端外圆柱面、凸凹圆弧面的尺寸要求。

④进行切槽加工，不需要采用循环指令，但 X 轴方向进给量为 $F=0.05$ mm/r。

⑤采用 G92 指令或 G76 指令车削螺纹至尺寸要求。

2. 选择毛坯、设备、刀具、量具

(1) 毛坯选择

该零件材料为 45 钢,依照图纸无热处理及硬度要求。因此,毛坯大小应选 $\phi 56$ mm× 165 mm 棒料,采用一夹一顶的装夹方式。

(2) 设备选择

由于该零件的精度和主要尺寸、形状、位置、表面粗糙度等要求较高,所以选择刚性好、加工和对刀精度高,并能方便自动补偿的 DT-30 数控卧式车床,系统是 FANUC 0i Mate-TF,机床最大回转直径是 500 mm。

(3) 刀具选择

由于该工件精度高,形状复杂,所需车削刀具较多,尤其对刀具角度要求较严格,以防干涉。具体如下:

T01:35°外圆粗车刀,用于该工件外圆的粗加工。

T02:35°外圆精车刀,刀具圆弧半径为 0.4 mm,由于工件 $S\phi 50 \pm 0.05$ mm 球面和 $R25$ mm 圆弧面精度与表面粗糙度要求高,还要防止刀具与工件轮廓发生干涉,车刀副偏角不能太小。

T03:切槽车刀,刀宽取 3 mm。

T04:硬质合金 60°外螺纹车刀,刀尖角取 59°30′,刀尖圆弧半径取 0.15 mm。

T05:$\phi 3$ mm 中心钻,右端面要打中心孔,供顶尖使用。

(4) 量具选择

游标卡尺	0～150 mm/0.02 mm
外径千分尺	50～75 mm/0.01 mm
外径千分尺	25～50 mm/0.01 mm
钢直尺	0～200 mm
螺纹环规	M30 mm×1.5 mm
表面粗糙度仪	

3. 确定零件装夹方式

因该零件较长,若需一次装夹完成,必须采用"一夹一顶"的方式装夹。可用三爪自定心卡盘直接夹紧工件左端外圆,将工件右端面中心设置为工件坐标系原点,作为加工测量及编程的基准点,且顶尖顶右端面中心(在此之前,右端面要打中心孔),另外,顶紧力要适度,不要过大。

4. 工作要求及工作条件

（1）工作要求

①合理编制连接轴的数控加工刀具卡。
②合理编制连接轴数控加工工序卡。
③正确执行安全操作规程。
④按企业有关文明生产规定，做到现场整洁，零件、刀具、量具等摆放整齐。

（2）工作条件

①生产纲领：单件。
②工作地点：数控实训中心。
③时间定额：6学时。

5. 填写连接轴数控加工工序卡（表1-10）

表1-10　　　　　　　　　　　连接轴数控加工工序卡

工序编号：01　　工序名称：数控车　　　　部件号：01　　　文件编号：

单位名称	XXXX	产品名称或代号		零件名称	零件图号
		01		连接轴	
工序号	程序编号	夹具名称		使用设备	01
1	0001	三爪自定心卡盘、顶尖		DT-30数控卧式车床	
工步号	工步内容	刀具号	刀具规格	主轴转速/ $r \cdot min^{-1}$	进给速度/ $r \cdot mm^{-1}$	背吃刀量/ mm	备注
1	手动钻中心孔	T05	$\phi 3$ mm 中心钻	500			
2	从右至左，粗加工外轮廓	T01	35°外圆粗车刀	500	0.2	1	
3	从右至左，精加工外轮廓	T02	35°外圆精车刀	1 200	0.1	0.2	
4	切5 mm退刀槽	T03	切槽车刀	500	0.05	3	
5	车M30×1.5外螺纹	T04	硬质合金60°外螺纹车刀	800		0.3	
编制		审核	批准	年　月　日	共　页	第　页	

综合练习

壳体零件图如图 1-52 所示,对其进行加工工艺文件的编制,并填写相关工艺文件表。

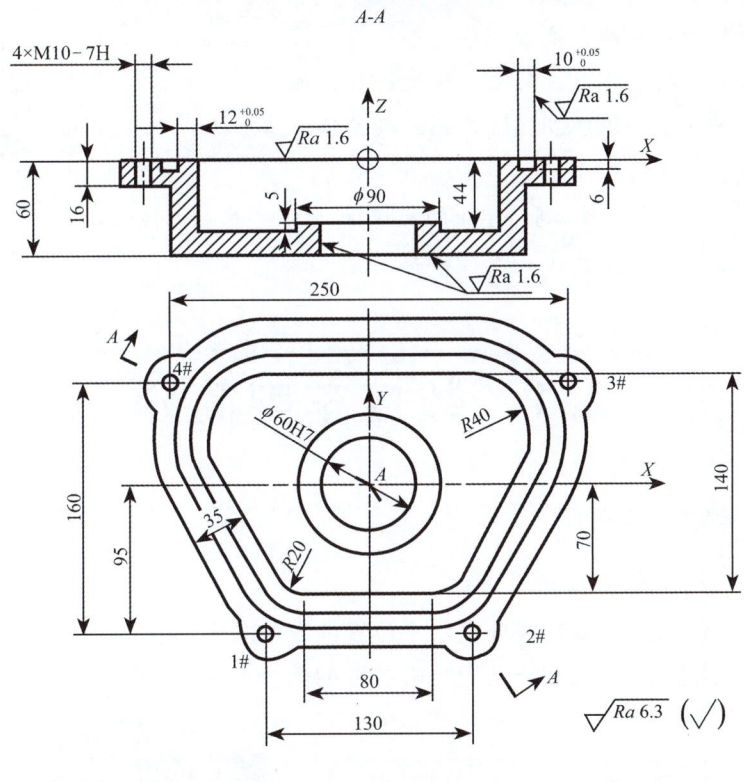

图 1-52 壳体零件图

模块 2
数控车削编程与加工

学习目标

1. 了解数控车床及其加工特点。
2. 掌握数控车床编程基本功能指令。
3. 掌握 FANUC 0i-TF 系统的数控编程与加工。
4. 掌握 SINUMERIK 840D 系统的数控编程与加工。
5. 了解子程序的应用。
6. 启发学生的自觉性,调动学生的积极性,激发学生的创造性,培养学生的沟通能力以及团队合作精神。

素养提升

2.1 数控车削简介

一、数控车床的分类

1. 按主轴的布置形式分类

(1) 卧式数控车床:主轴轴线处于水平位置的数控车床,如图 2-1 所示。
(2) 立式数控车床:主轴轴线处于竖直位置的数控车床,如图 2-2 所示。

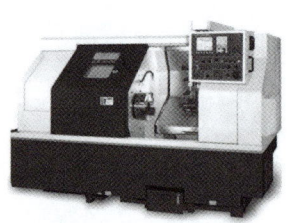
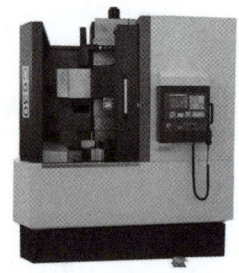

图 2-1 卧式数控车床　　　　图 2-2 立式数控车床

另外,还有两根主轴的车床,称为双主轴卧式数控车床或双主轴立式数控车床。

2. 按照数控系统控制的轴数分类

(1)两轴控制的数控车床:车床上只有一个回转刀架,可实现两坐标轴联动控制。

(2)四轴控制的数控车床:车床上有两个独立的回转刀架,可实现四坐标轴联动控制。对于车削加工中心或柔性制造单元,还要增加其他的辅助坐标轴来满足机床的功能。

二、数控车削加工零件的类型

车削的主运动是主轴夹持工件的旋转运动,配合刀具在平面内的径向和轴向进给运动加工回转体零件。

回转体零件分为轴套类、轮盘类和其他类三种。轴套类和轮盘类零件的区分在于长径比,一般将长径比大于1的零件视为轴套类零件;长径比小于1的零件视为轮盘类零件。

1. 轴套类零件

轴套类零件的加工表面大多是内、外圆柱面,其轮廓可以是与 Z 轴平行的直线,切削形成阶梯轴或圆柱螺纹;也可以是与 Z 轴倾斜的直线,切削形成圆锥面或圆锥螺纹;还可以是圆弧或非圆曲线,切削形成曲面。

2. 轮盘类零件

轮盘类零件的加工表面多是端面,端面的轮廓也可以是直线、斜线、圆弧、曲线或端面螺纹等。

3. 其他类零件

数控车床装上特殊卡盘可以加工偏心轴或在箱体、板材上进行钻孔、扩孔、铰孔及镗孔等加工。

三、车床数控系统的基本功能

此节所有代码以 FANUC 系统为例进行讲解。

1. 准备功能(G 指令)

准备功能也称 G 功能、G 指令或 G 代码,是用来指令机床动作方式的功能。准备功能是用地址符 G 及其后面的数字来指令机床的动作。常用的 G 代码见表 2-1。

表 2-1　　　　　　　　　　常用的 G 代码

G 代码	组 别	功 能
G00	01	快速定位
G01		直线插补
G02		顺时针圆弧插补
G03		逆时针圆弧插补

续表

G 代码	组 别	功 能
G04	00	暂停
G10		可编程数据输入
G11		可编程数据输入方式取消
G20	06	英寸输入
G21		毫米输入
G32	01	单行程螺纹切削
G34		变螺距螺纹切削
G40	07	刀尖半径补偿取消
G41		刀尖半径左补偿
G42		刀尖半径右补偿
G50	00	坐标系设定或最大主轴转速设定
G52		局部坐标系设定
G53		机床坐标系设定
G70	00	精车固定循环
G71		粗车外圆固定循环
G72		粗车端面固定循环
G73		固定形状粗车循环
G74		排屑钻端面孔循环
G75		外径/内径钻孔循环
G76		螺纹切削复合循环
G80	10	固定钻孔循环取消
G83		钻孔循环
G84		攻螺纹循环
G90	01	外径/内径车削循环
G92		螺纹切削循环
G94		端面切削循环
G96	02	恒表面切削速度控制
G97		恒表面切削速度控制取消
G98	05	每分钟进给
G99		每转进给

2. 辅助功能（M 指令）

辅助功能是用来指令机床辅助动作的一种功能，它由地址符 M 及其后面的两位数字组成。常用的 M 代码见表 2-2。

表 2-2　　　　　　　　　　　　　　常用的 M 代码

代　码	功　能	代　码	功　能
M00	程序停止	M08	切削液开
M01	选择停止	M09	切削液关
M02	程序结束	M30	程序结束
M03	主轴正转	M98	子程序调用
M04	主轴反转	M99	子程序返回
M05	主轴停止		

常用辅助功能的简要说明如下：

(1) M00——程序停止

M00 实际上是一个暂停指令。当执行有 M00 指令的程序段时，主轴的转动、刀具的进给都将停止，切削液关闭。它与单程序段停止相同，模态信息全部被保存，以便进行某种手动操作，如换刀、测量工件的尺寸等。按下"循环启动"键后，继续执行后面的程序。

(2) M01——选择停止

M01 与 M00 的功能基本相同，只有在按下"选择停止"键后，M01 才有效，否则该功能无效，机床继续执行后面的程序段。暂停有效时，按下"循环启动"键后，继续执行后面的程序。

(3) M02——程序结束

该指令编在程序的最后一段，表示执行完程序内所有指令后，主轴转动、进给停止，切削液关闭，机床处于复位状态，但程序结束后光标在程序尾部，不返回到程序的开始位置。

(4) M30——程序结束并返回

使用 M30 时，除执行 M02 的功能之外，光标自动返回到程序的开始位置，准备下一个工件的加工。

3. 进给功能（F 指令）

进给功能是指令刀具切削进给的速度。它由地址符 F 及其后面的数字组成。

F 代码用 G98 和 G99 两个 G 指令来设定进给速度的单位。G98 指令刀具每分钟移动的距离，G99 指令主轴每转一转刀具移动的距离。系统开机默认为 G99 状态。如：

G98 G01 X__ Z__ F100

该程序段表示刀具一分钟移动了 100 mm，即进给速度 $F=100$ mm/min。

G99 G01 X__ Z__ F0.3

该程序段表示主轴转一转，刀具移动了 0.3 mm，即进给速度 $F=0.3$ mm/r。

4. 主轴功能（S 指令）

主轴功能用来指令主轴的转速或速度。它由地址符 S 及其后面的数字组成。

主轴转速的计量单位有两种，一种是以 r/min 为计量单位，另一种是以 m/min 为计量单位。机床开机默认状态是以 r/min 为计量单位，在程序设计时，可以用 G96 或 G97 来指令主轴的转速单位。

(1)恒线速度控制指令 G96

在车削端面、圆锥面或圆弧面时,希望切削速度不受工件径向变化的影响,因而用 G96 指令恒线速度。恒线速度一经指令,工件上任意一点的切削速度都是一样的。该指令一般在直径变化较大且对表面质量要求一致时使用。

例如:G96 S125;　　　　　主轴恒线速度为 125 m/min。

(2)主轴速度直接指令 G97

G97 直接指令主轴速度。

例如:G97 S1000;　　　　　主轴速度为 1000 r/min。

由于开机状态是 G97 状态,所以在程序中可以省去 G97,直接写成 S1000。

(3)主轴最高转速限制指令 G50

执行恒线速度控制指令 G96 后,随着工件直径变小,主轴转速会随之自动提高,以保持切削线速度恒定。当刀具接近工件中心时,主轴转速会变得极高,为防止飞车,此时应限制主轴最高转速。因此,在用 G96 指令控制恒线速度的同时,要用 G50 指令来限制主轴最高转速。

例如:G50 S1800;　　指令主轴最高转速为 1800 r/min
　　　G96 S100;　　　指令恒线速度为 100 m/min

5. 刀具功能(T 指令)

刀具功能主要用来选择刀具,也可用来选择刀具的长度补偿和刀具半径补偿。它由地址符 T 及其后面的数字组成。

刀具号和刀具补偿(简称刀补)号的编程形式如下:

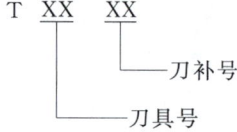

例如:T0101;　　　　　采用 1 号刀具,具有刀具补偿,补偿值存在 1 号存储器中

F、S、T 代码均为模态代码。

四、刀具补偿功能

刀具补偿功能是数控车床的主要功能之一。它分为刀具位置补偿和刀尖圆弧半径补偿。

1. 刀具位置补偿

刀具位置补偿是指当车刀刀尖的实际位置与编程理论位置存在差值时,通过刀具位置补偿值的设定,使刀具在 X、Z 轴方向获得相应的补偿量。它是操作者控制工件尺寸的重要手段之一。

如图 2-3(a)所示,假定以刀架中心 A 作为编程起点,刀具安装后,刀尖与编程起点 A 不能重合,必然会存在一定的偏移,其偏移值为 ΔX、ΔZ。如果将 ΔX、ΔZ 输入到相应的存储器中,当程序执行到刀具补偿功能时,原来的编程起点 A 就被刀尖的实际位置所代替了,如图 2-3(b)所示。

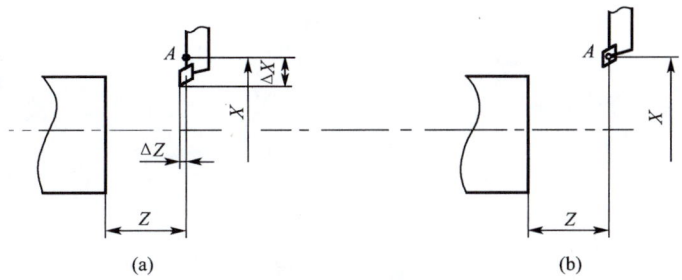

图 2-3 刀具位置补偿

当刀具磨损后或工件尺寸有误差时,只要修改存储器中的 ΔX、ΔZ 值即可。例如,某工件加工后外圆直径比要求的尺寸大了 0.02 mm,则可以用 U－0.02 修改相应存储器中的 ΔX 值;当长度方向尺寸有偏差时,修改方法类同。

由此可见,刀具位置补偿可以根据实际需要分别在轴向和径向进行修正。修正的方法是在程序中事先给定刀具号及刀补号,每个刀补号中的 X 向刀补值和 Z 向刀补值,由操作者按实际需要输入数控装置。每当程序调用这一刀补号时,该刀补值就生效,使刀尖从偏离位置恢复到编程轨迹上,从而实现刀具偏移量的修正。

例如:T0202;　　　　　调用 2 号刀具,具有刀具补偿,补偿值存在 2 号存储器中

当选择 T 代码偏移号 0 或 00 时,取消刀具位置补偿,在取消程序段的终点,补偿量为 0。

例如:T0200;　　　　　指定偏移号 00 以取消 2 号刀具的位置补偿

2. 刀尖圆弧半径补偿

(1)刀尖圆弧半径补偿的概念

编制数控车床加工程序时,将车刀刀尖看作一个点。但是为了提高刀具强度和工件表面的加工质量,延长刀具的使用寿命,通常将车刀刀尖磨成圆弧状,如图 2-4 所示。编程时以理想刀尖点 A 来编程,数控系统控制 A 点的运动轨迹。切削时,实际起作用的切削刃是刀尖圆弧的各切点,这会产生加工表面的形状误差,而刀尖圆弧半径补偿功能就是用来补偿由于刀尖圆弧半径 R 引起的工件形状误差。

车内、外圆柱和端面时,刀具实际切削刃的轨迹与工件轮廓一致,并无误差产生。

如图 2-5 所示,车削圆锥面时,工件轮廓(编程轨迹或理想刀尖轨迹)为实线,实际车出形状(实际切削刃轨迹)为虚线,故产生误差 δ。同样,如图 2-6 所示,车圆弧面时产生误差 $\delta_1 \sim \delta_2$。若工件要求不高或留有精加工余量,可忽略此误差;否则应考虑刀尖圆弧半径对工件形状的影响,对刀尖圆弧半径进行补偿。

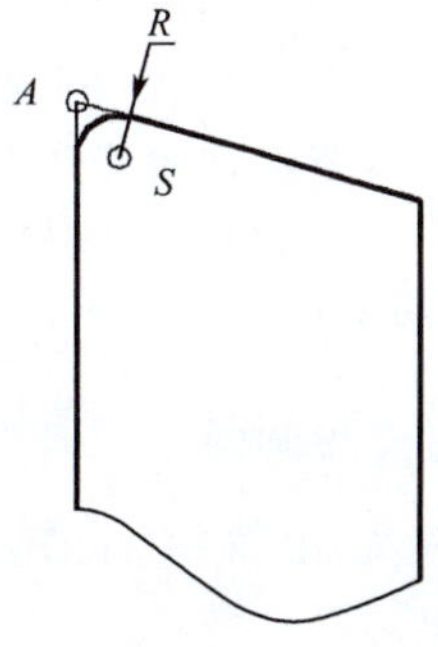

图 2-4 刀尖圆弧与理想刀尖点

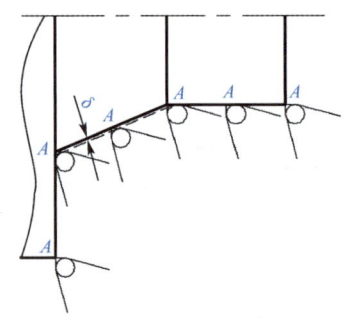
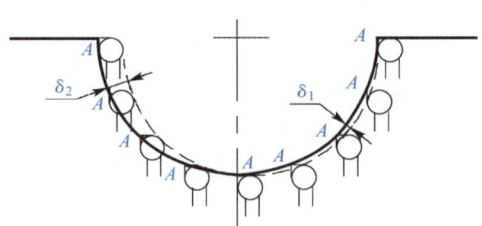

图 2-5　车圆锥面产生的误差　　　图 2-6　车圆弧面产生的误差

（2）刀尖圆弧半径补偿的基本原理

在编制零件加工程序时，不用计算刀尖圆弧中心运动轨迹，只按零件轮廓编程即可。刀尖圆弧半径补偿值可以通过手动输入方式，直接从系统操作面板上输入，数控系统便能自动地计算出刀尖圆弧中心轨迹，并按刀尖圆弧中心轨迹运动。在执行刀尖圆弧半径补偿功能时，刀具自动偏离工件轮廓一个刀尖圆弧半径，从而加工出所要求的工件轮廓。当因刀具磨损而使刀尖圆弧半径变小，或因更换刀具而使刀尖圆弧半径变大（或小）时，只要更改输入的刀尖圆弧半径补偿值，即可加工出符合要求的零件。

同理，当用同一把刀具进行粗、精加工时，也可运用此功能进行加工。设粗加工余量为 Δ，刀尖圆弧半径为 r，则粗加工时可设刀尖圆弧半径补偿值为 $r+\Delta$，在精加工时，刀尖圆弧半径补偿值改为 r，即可切除粗加工留的余量，达到精加工的要求。

（3）刀尖圆弧半径补偿的方法

刀尖圆弧半径补偿的方法是通过键盘向系统存储器输入刀具参数，并在程序中采用刀具半径补偿指令来实现的。

（4）刀尖圆弧半径补偿参数

①刀尖圆弧半径

工件的形状与刀尖圆弧半径的大小有直接关系，必须将刀尖圆弧半径尺寸输入系统的存储器中。

②车刀的形状和位置

车刀的形状有很多，它决定刀尖圆弧所处的位置，因此，也要把代表车刀形状和位置的参数输入到存储器中。车刀形状和位置共有 9 种，如图 2-7 所示，分别用参数 0～9 表示，A 点为理想刀尖点。

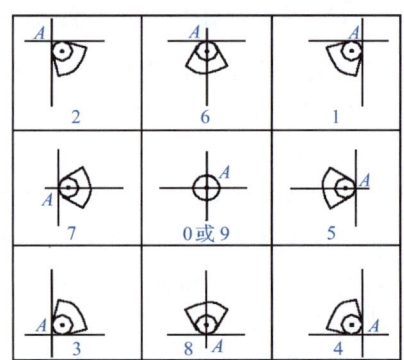

图 2-7　刀尖圆弧位置

（5）刀尖圆弧半径补偿指令 G41/G42/G40

格式：G41/G42/G40　G01/G00　X(U)__　Z(W)__

说明：

①G41：刀尖圆弧半径左补偿，如图 2-8(a)所示，顺着刀具运动方向看，刀具在工件的左边。

②G42:刀尖圆弧半径右补偿,如图 2-8(b)所示,顺着刀具运动方向看,刀具在工件的右边。

③G40:取消刀尖圆弧半径补偿,车刀按理想刀尖轨迹运动,即理想刀尖轨迹与编程轨迹重合。

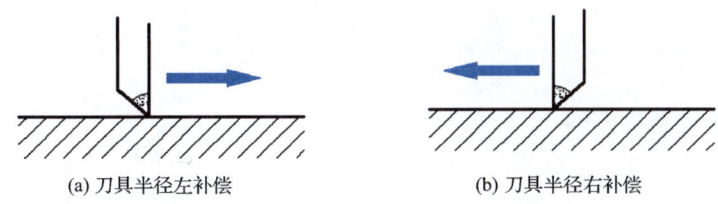

(a) 刀具半径左补偿　　　　　　(b) 刀具半径右补偿

图 2-8　刀尖圆弧半径补偿方向

④X(U)、Z(W):建立或取消刀尖圆弧半径补偿过程中,刀具移动的终点坐标。

⑤G41、G42、G40 指令只能与 G00、G01 结合编程,通过直线运动建立或取消刀补。G41、G42、G40 指令不允许与 G02、G03 等其他指令结合编程,否则报警。

(6)刀尖圆弧半径补偿的应用

如图 2-9(a)所示,不采用刀尖圆弧半径补偿指令,车刀按理想刀尖轨迹运动,圆锥面产生表面形状误差 δ。若程序段中编入 G42 指令,采用刀尖圆弧半径右补偿,系统自动计算刀尖圆弧中心轨迹,并使刀具按该轨迹运动,无表面形状误差。如图 2-9(b)所示。两图比较可以看出,使用 G42 指令,车刀多走一个刀尖圆弧半径距离。

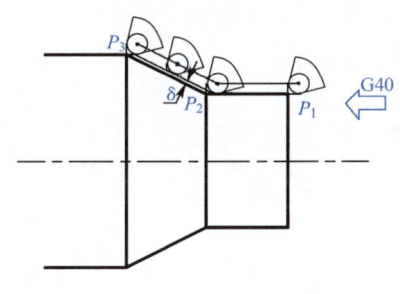 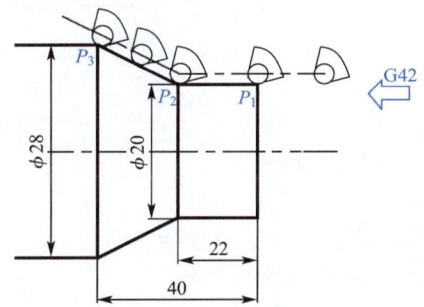

(a) 不采用刀尖圆弧半径补偿编程　　　　(b) 采用刀尖圆弧半径右补偿编程

图 2-9　刀尖圆弧半径补偿的应用

如图 2-9(b)所示的工件,使用 G42 指令编程如下:

……

```
G00   X20   Z5；
G01   G42   X20   Z0   F0.3；
      Z-22；
      X28   Z-40；
```

……

2.2 FANUC 0i-TF 系统数控车削编程与加工

一、基本指令

1. 快速点定位指令 G00

格式：G00 X(U)__ Z(W)__

说明：

(1) G00 指令使刀具以点位控制方式从刀具所在点快速移动到目标点。

(2) G00 指令是模态代码，其中 X(U)、Z(W) 是目标点的坐标。

(3) 车削时快速定位目标点不能直接选在工件上，一般要离开工件表面 2～5 mm。

如图 2-10 所示，从起点 A 快速运动到目标点 B（其中 X 轴坐标均为直径值），其绝对坐标方式编程为

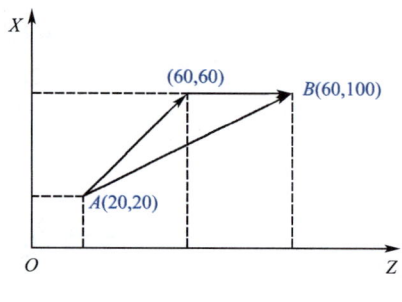

图 2-10 快速进给

G00 X60 Z100；
……

其增量坐标方式编程为

G00 U80 W80；
……

执行上述程序段时，刀具实际的运动路线可能不是直线，而是折线，首先刀具以快速进给速度运动到点(60,60)，然后再运动到点(60,100)，所以使用 G00 指令时要注意刀具是否和工件及夹具发生干涉，忽略这一点，就容易发生碰撞，而在快速状态下的碰撞就更加危险了。

注意：G00 运动的轨迹有两种形式，出厂标准为这种折线形式，但是也可以通过修改参数设置为直线形式。

2. 直线插补指令 G01

格式：G01 X(U)__ Z(W)__ F__

说明：

(1) G01 指令使刀具从当前点出发，在两坐标或三坐标间以插补联动方式按指定的进给速度直线移动到目标点。G01 指令是模态指令。

(2)进给速度由 F 指定。F 指令也是模态指令,它可以用 G00 指令取消。在 G01 程序段中或之前必须含有 F 指令。

如图 2-11 所示,选右端面 O 点为编程原点,采用混合方式编程,即

……
G00　X50　Z2　S800　M03;　　$P_0 \rightarrow P_1$
G01　Z-40　F0.3;　　　　　　$P_1 \rightarrow P_2$
　　　X80　W-20;　　　　　　$P_2 \rightarrow P_3$
G00　X200　Z100;　　　　　　$P_3 \rightarrow P_0$
……

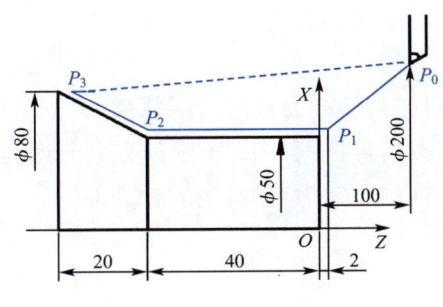

图 2-11　直线插补

例 2-1

工件如图 2-12 所示,刀尖从 A 点移动到 B 点,完成车外圆、车槽、车倒角的操作。

① 车外圆

如图 2-12(a)所示,编程方式为

……
G00　X20　Z2;　　　　刀具快速移至 A 点
G01　Z-26　F0.3;　　 车削 $\phi 20$ mm 外圆至 B 点
……

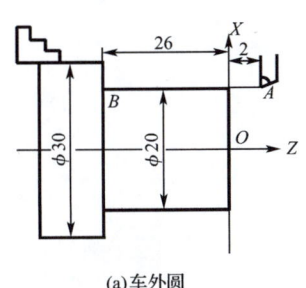 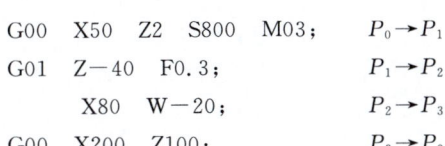 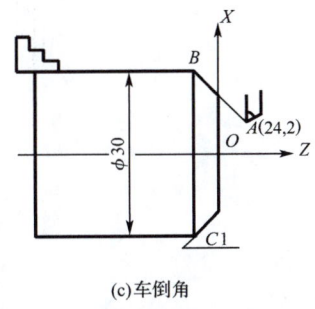

(a)车外圆　　　　(b)车槽　　　　(c)车倒角

图 2-12　G01 功能应用实例

② 车槽

如图 2-12(b)所示,编程方式为

……
G00　X32　Z-26;　　　切槽刀快速移至 A 点
G01　X18　F0.1;　　　切槽至 B 点
……

③车倒角

如图 2-12(c)所示,编程方式为
……
G00 X24 Z2;   刀具快速移至 A 点
G01 X30 Z－1 F0.3;   车倒角至 B 点
……

3. 圆弧插补指令 G02/G03

格式:G02/G03 X(U)__ Z(W)__ R__ F__

说明:

(1)G02 为顺时针圆弧插补,G03 为逆时针圆弧插补。

车床上圆弧插补顺、逆方向可按图 2-13 所示的方向判断,从 Y 轴(车床为虚拟 Y 轴)正方向往负方向看,运动方向顺时针为 G02,逆时针为 G03。

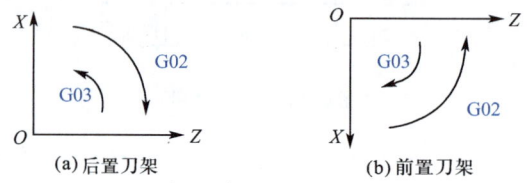

图 2-13 车圆弧的顺、逆方向

(2)采用绝对坐标编程时,圆弧终点坐标为工件坐标系中的坐标值,用 X、Z 表示,当用增量坐标编程时,圆弧终点坐标为圆弧终点相对于圆弧起点的坐标增量值,用 U、W 表示。

如图 2-14 所示,刀具从 A 点开始沿 B→C→D 移动的程序段如下:

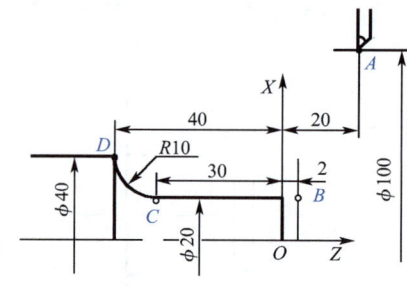

图 2-14 顺时针圆弧插补

……
G00 X20 Z2;
G01 Z－30 F0.3;
G02 X40 Z－40 R10;
……

如图 2-15 所示,刀具从 A 点开始沿 B→C→D 移动的程序段如下:

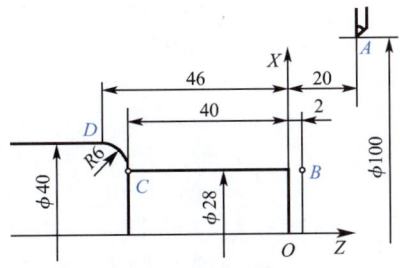

图 2-15　逆时针圆弧插补

……
G00　X28　　Z2；
G01　Z－40　F0.3；
G03　X40　　W－6　R6；
……

例 2-2

编制如图 2-16(a)所示零件的加工程序。

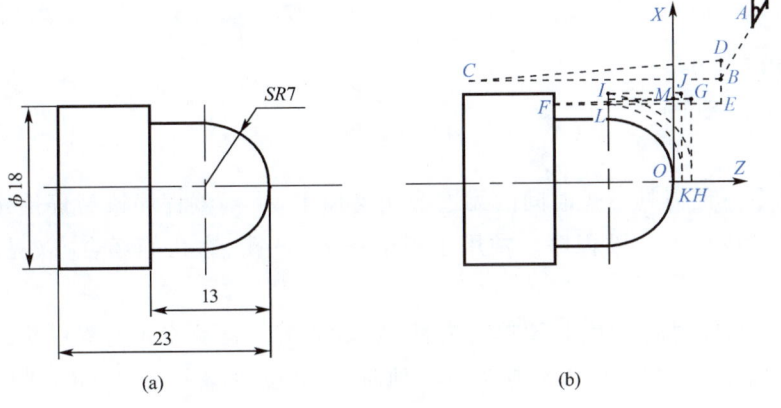

图 2-16　圆弧车削实例

① 选择刀具,确定安装位置:选择 90°偏刀,安装于 T01 号位置。

② 确定加工路线,如图 2-16(b)所示。粗车 φ18 mm 外圆(留 0.5 mm 精车余量);粗车 SR7 mm 半球(留 0.5 mm 精车余量);精车 SR7 mm 半球和 φ18 mm 外圆至尺寸。

③ 设置编程坐标原点、换刀点。

将编程坐标原点确定在工件的右端面中心上,换刀点设置于 A(30,10)点处。

④ 计算刀具轨迹坐标值

⑤ 编程

T0101　M03　　S800；
G00　　X19　　Z3；　　　　　　快进 A→B

G01	Z-23	F0.3;		粗车 ϕ18 mm 外圆（留 0.5 mm 精车余量）B→C
G00	X20	Z3;		退刀 C→D
	X15;			进刀 D→E
G01	Z-13	F0.3;		粗车 ϕ14 mm 外圆（留 0.5 mm 精车余量）E→F
G00	X16	Z1;		退刀 F→G
	X0;			进刀 G→H
G03	X16	Z-7	R8 F0.2;	粗车圆弧第一刀 H→I
G00	X18	Z0.5;		退刀 I→J
G01	X0;			进刀 J→K
G03	X15	Z-7	R7.5 F0.2;	粗车圆弧第二刀 K→L
G00	X16	Z0;		退刀 L→M
G01	X0	F0.1;		进刀 M→O
G03	X14	Z-7	R7 F0.1;	精车圆弧
G01	Z-13;			精车 ϕ14 mm 外圆
	X18;			
	Z-23;			精车 ϕ18 mm 外圆
G00	X30	Z10;		退刀
M30;				程序结束并返回

4. 暂停指令 G04

格式：G04　X(P)__

说明：

（1）该指令可使刀具做短时间的无进给光整加工，执行该程序段暂停给定时间，暂停时间过后，继续执行下一段程序。常用于车削环槽、盲孔、锪孔等场合，以提高表面加工质量。

（2）X(P)：暂停时间。其中 X 单位为秒，如 G04 X5；表示前面的程序执行完后，要经过 5 s 的暂停，下面的程序段才能执行。地址 P 单位为毫秒。如 G04 P1000；表示暂停 1 000 ms。

例如：车削退刀槽，刀具进给暂停 2 秒的程序为

……

G01　U-10　F0.1;　　　　切槽

G04　X2;　　　　　　　　主轴不停，刀具在槽底停留 2 s

G00　U10;　　　　　　　退刀

……

二、单一固定循环指令的应用

对加工余量较大的表面，需多次进刀加工，为减少程序段的数量，缩短编程时间，减少程序所占的内存，可采用循环编程。

1. 外径/内径切削循环指令 G90

(1) 圆柱面切削循环

格式：G90 X(U)__ Z(W)__ F__；

说明：式中 X、Z 为圆柱面切削终点的绝对坐标；U、W 为圆柱面切削终点相对于起点的增量坐标，其数值符号由刀具路径方向来决定。

如图 2-17 所示的圆柱面切削循环，其加工顺序按 1、2、3、4 进行，即：驱入－切削－退刀－返回。在循环加工过程中，刀具在切削和退刀时按 F 指令的速度运动[图中用(F)表示]，在驱入和返回时按快速移动的速度运动[图中用(R)表示]。若无特殊说明，以下图例中均使用同样的表示方法。

例如：加工图 2-18 所示零件的程序如下：

　　……
　　G90 X40 Z30 F0.2；　　　　刀具运动轨迹为：A→B→C→D→A
　　　　X30；　　　　　　　　　　刀具运动轨迹为：A→E→F→D→A
　　　　X20；　　　　　　　　　　刀具运动轨迹为：A→G→H→D→A
　　……

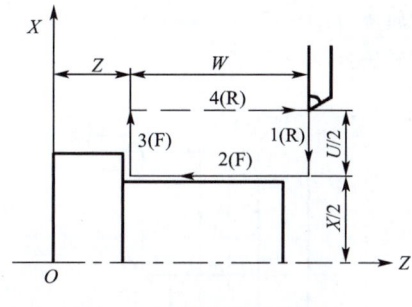
图 2-17 圆柱面切削循环

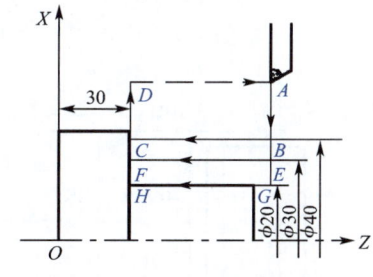
图 2-18 圆柱面切削循环实例

(2) 圆锥面切削循环

格式：G90 X(U)__ Z(W)__ R__ F__

说明：如图 2-19 所示，R 为起点与终点的半径差。R 用增量值表示，其符号取决于刀具起于圆锥端面的位置，当刀具起于圆锥端大头时，R 为正值；当刀具起于圆锥端小头时，R 为负值。即起点坐标大于终点坐标时 R 为正值；反之，R 为负值。

例如：加工图 2-20 所示零件的程序如下：

　　……
　　G90 X40 Z20 R-5 F0.2；　　刀具运动轨迹为 A→B→C→D→A
　　　　X30；　　　　　　　　　　刀具运动轨迹为 A→E→F→D→A
　　　　X20；　　　　　　　　　　刀具运动轨迹为 A→G→H→D→A
　　……

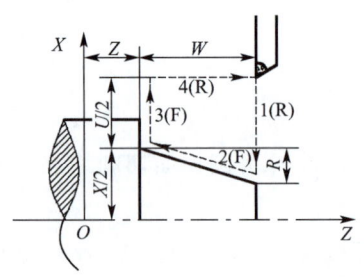
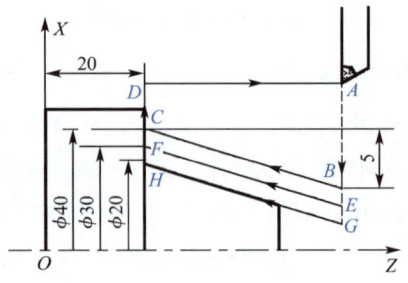

图 2-19 圆锥面切削循环　　　　图 2-20 圆锥面切削循环实例

2. 端面切削循环指令 G94

（1）平端面切削循环

格式：G94　X(U)__　Z(W)__　F __；

说明：如图 2-21 所示，式中 X(U)、Z(W)、F 的含义与圆柱面切削循环指令 G90 基本相同。

例如：加工如图 2-22 所示工件的程序为：

　　G94　X18　Z18　F0.2;　　刀具运动轨迹为：A→B→C→D→A
　　　　Z14;　　　　　　　　刀具运动轨迹为：A→E→F→D→A
　　　　Z10;　　　　　　　　刀具运动轨迹为：A→G→H→D→A

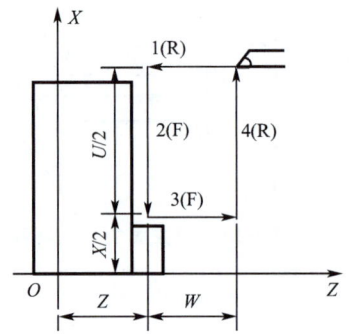
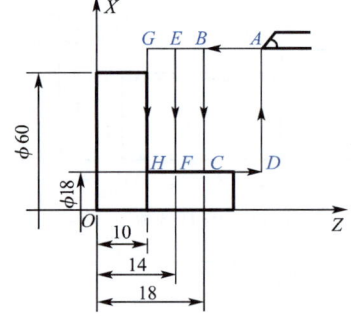

图 2-21 平端面切削循环　　　　图 2-22 平端面切削循环实例

（2）锥端面切削循环

格式：G94　X(U)__　Z(W)__　R __　F __；

说明：如图 2-23 所示，式中 X(U)、Z(W)、F 的含义参见圆柱面切削循环指令 G90。

例如：加工图 2-24 所示工件的程序为：

　　G94　X20　Z29　R－7　F0.2;　　刀具运动轨迹为：A→B→C→D→A
　　　　Z24;　　　　　　　　　　　刀具运动轨迹为：A→E→F→D→A
　　　　Z19;　　　　　　　　　　　刀具运动轨迹为：A→G→H→D→A

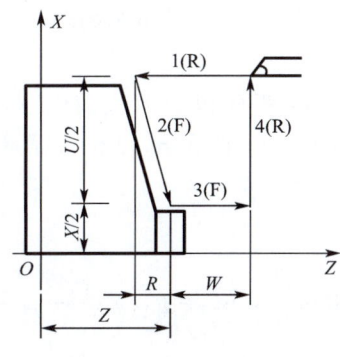
图 2-23　锥端面切削循环

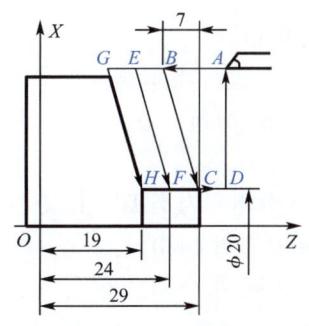
图 2-24　锥端面切削循环实例

三、复合循环指令应用

固定循环使程序得到了一些简化,还有一类被称为复合循环的代码,能使程序进一步简化。复合循环应用于必须重复多次加工才能达到规定尺寸的场合,主要用于铸、锻件毛坯的粗车和棒料毛坯车削阶梯较大的轴及螺纹加工。利用复合循环功能,只要给出最终精加工路径、循环次数和每次加工余量,机床就能自动决定粗加工时的刀具路径,自动地重复切削,直到工件加工完成。

内、外径车削复合循环指令 G71、G70

1. 外径/内径粗车循环 G71

格式：G71　U(Δd)　R(e)
　　　G71　P(ns)　Q(nf)　U(Δu)　W(Δw)　F__　S__　T__
　　　N(ns)
　　　……
　　　N(nf)

说明：

①如图 2-25 所示为用 G71 粗车外径的加工路线,图中 C 点是粗车循环的起点,A 点是起刀点,B 点是退刀点。(R)表示快速进给,(F)表示切削进给。

②程序段中各地址符的含义为：

Δd：每次切削深度(沿垂直轴线方向,即 AA' 方向,半径给定)。

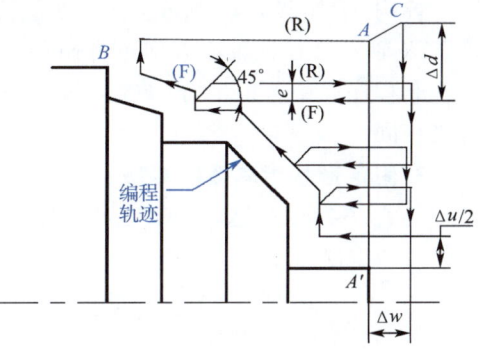
图 2-25　外径粗车循环 G71

e：回刀时的径向退刀量(由参数设定)。

ns：精加工程序第一个程序段号。

nf：精加工程序最后一个程序段号。

Δu：径向(X 轴方向)的精车余量(直径给定)；

Δw：轴向(Z 轴方向)的精车余量；

当上述程序指令的是工件内轮廓时,G71 就自动成为内径粗车循环,此时径向精车余量 Δu 应指定为负值。

③在使用 G71 进行粗车循环时,只有含在 G71 程序段中的或前面程序段中指定的 F、S、T 功能才有效,而包含在 $ns \sim nf$ 程序段中的 F、S、T 功能,对粗车循环无效,只对精车循环有效。

④G71 复合循环分为类型Ⅰ和类型Ⅱ。

● 类型Ⅰ和类型Ⅱ的相同点

类型Ⅰ和类型Ⅱ指令格式相同,在精车形状的开头程序段,必须采用 G00/G01 指令刀具的移动,否则会出现 PS0065 报警。

● 类型Ⅰ和类型Ⅱ的区别

类型Ⅰ的 Z 轴和 X 轴均必须为单调增加或单调减少的形状。而类型Ⅱ的 Z 轴必须是单调增大或单调减小的形状,X 轴没有要求。

在类型Ⅰ和Ⅱ中,Z 轴方向进行粗车后的退刀操作不同。类型Ⅰ朝 45°方向退刀,而类型Ⅱ则沿着精车形状切削。

2. 端面粗车循环 G72

格式:G72　W(Δd)　R(e)
　　　G72　P(ns)　Q(nf)　U(Δu)　W(Δw)
　　　　　F__　S__　T__
　　　N(ns)
　　　……
　　　N(nf)

说明:①如图 2-26 所示,该指令是使刀具沿着平行于 X 轴从外径往轴心方向进行循环加工端面。

②程序段中各地址符的含义与它们在 G71 中的含义相同。

3. 固定形状粗车循环 G73

格式:G73　U(Δi)　W(Δk)　R(d)
　　　G73　P(ns)　Q(nf)　U(Δu)　W(Δw)
　　　　　F__　S__　T__

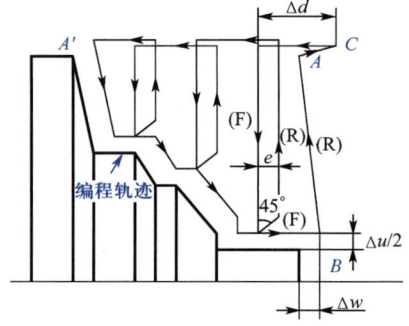

图 2-26　端面粗车循环 G72

说明:

①G73 指令使刀具按照一定的形状逐渐切削接近最终形状。它适用于毛坯轮廓形状与零件轮廓形状基本接近的场合。这种方式对于铸造或锻造毛坯的切削是一种效率很高的方法。这种方式的走刀路线如图 2-27 所示。

②程序段中的地址符除 Δi、Δk、d 之外,其余与 G71 中的含义相同。

Δi:X 轴方向的退刀距离和方向,也就是粗车时的径向切除余量(半径值)。

Δk:Z 轴方向的退刀距离和方向,也就是粗车时的轴向切除余量。

d:粗车循环次数。

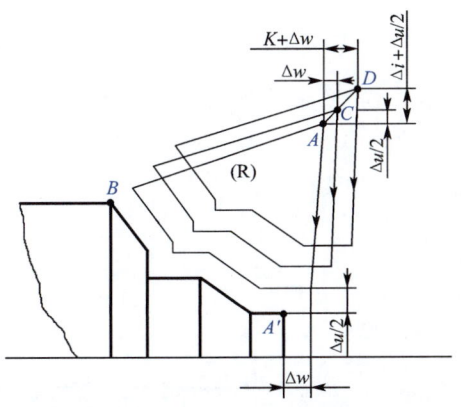

固定形状粗车
循环指令 G73

图 2-27 固定形状粗车循环 G73

4. 精车循环 G70

格式：G70　P(ns)　Q(nf)

说明：

①当用 G71、G72、G73 指令粗车后，用 G70 指令精车循环，切除粗加工留的余量。

②ns：精车循环第一个程序段号。

nf：精车循环最后一个程序段号。

③精车循环中 G71、G72、G73 程序段中的 F、S、T 指令都无效，只有在 $ns\sim nf$ 范围内指定的 F、S、T 才有效。

④当 G70 循环加工结束时，刀具返回到起点并读下一个程序段。

⑤G70~G73 中 $ns\sim nf$ 程序段不能调用子程序。

⑥使用 G70 精车循环时，要注意其快速退刀的路线，防止刀具与工件碰撞。如图 2-28 所示，从 A 点开始执行 G70 是安全的，从 B 点开始执行 G70 将发生碰撞。

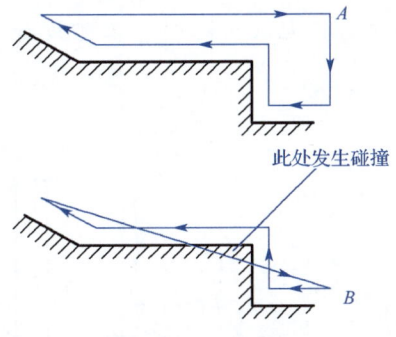

图 2-28 使用 G70 可能出现的碰撞

例 2-3

加工如图 2-29 所示零件,其毛坯为棒料。工艺设计为:粗加工时切深为 5 mm,进给速度为 0.3 mm/r,主轴转速为 500 r/min;精加工余量为 4 mm(直径量),Z 轴方向为 2 mm,进给速度为 0.15 mm/r,主轴转速为 800 r/min。程序设计如下:

```
T0101   M03   S500   F0.3;
G00    X116   Z182;
G71    U5    R2;
G71    P60   Q120   U4   W2;
N60    G00   X32;           ns 程序段
       G01   Z140;
       X48   W-30;
       W-20;
       X80   W-10;
       W-20;
       X112  W-20;
       W-40;
N120   X114;                 nf 程序段
       M03   S800   F0.15;
       G00   G42   X114   Z182;
       G70   P60   Q120;
       G00   G40   X200   Z220;
       M30;
```

图 2-29 G71 类型 I 与 G70 复合循环实例

例 2-4

加工如图 2-30 所示零件,其毛坯为棒料。工艺设计与例 2-5 相同。程序设计如下:

```
T0101;
M03   S500   F0.3;
G00   X136   Z2;
G72   W5   R2;
G72   P60   Q110   U4   W2;
N60   G00   Z-64;            ns 程序段
      G01   X108;
      X80   W10;
      W10;
      X48   W8;
```

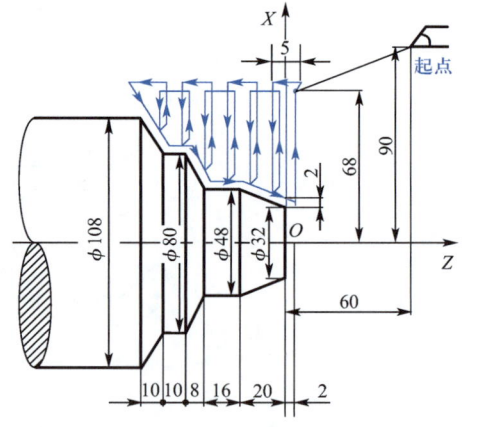

图 2-30 G72 与 G70 复合循环实例

```
            W16；
         X32    W20；
N110 G0  Z2；           nf 程序段
M03  S800 F0.15；
G00  G41 X112 Z2；
G70  P60 Q110；
G00  G40 X180 Z60；
M30；
```

例2-5

加工如图2-31所示零件，其毛坯为锻造毛坯。工艺设计为：粗加工分三刀进行，第一刀留给后两刀加工 X、Z 轴方向的单边余量均为 4 mm，进给速度为 0.3 mm/r，主轴转速为 500 r/min；精加工余量 X 轴方向为 4 mm（直径量），Z 轴方向为 2 mm，进给速度为 0.15 mm/r，主轴转速为 800 r/min。程序设计如下：

```
T0101；
M03  S500 F0.3；
G00  X160 Z40；
G73  U14  W14  R3；
G73  P60  Q110 U4  W2；
N60  G00  X20  Z2；        ns 程序段
     G01  Z-20；
          X40  W-10；
          W-20；
     G02  X80  W-20 R20；
     G01  X80  W-10；
N110 G00  X160；           nf 程序段
M03  S800 F0.15；
G00  G42  X160 Z40；
G70  P60  Q110；
G00  G40  X200 Z200；
M30；
```

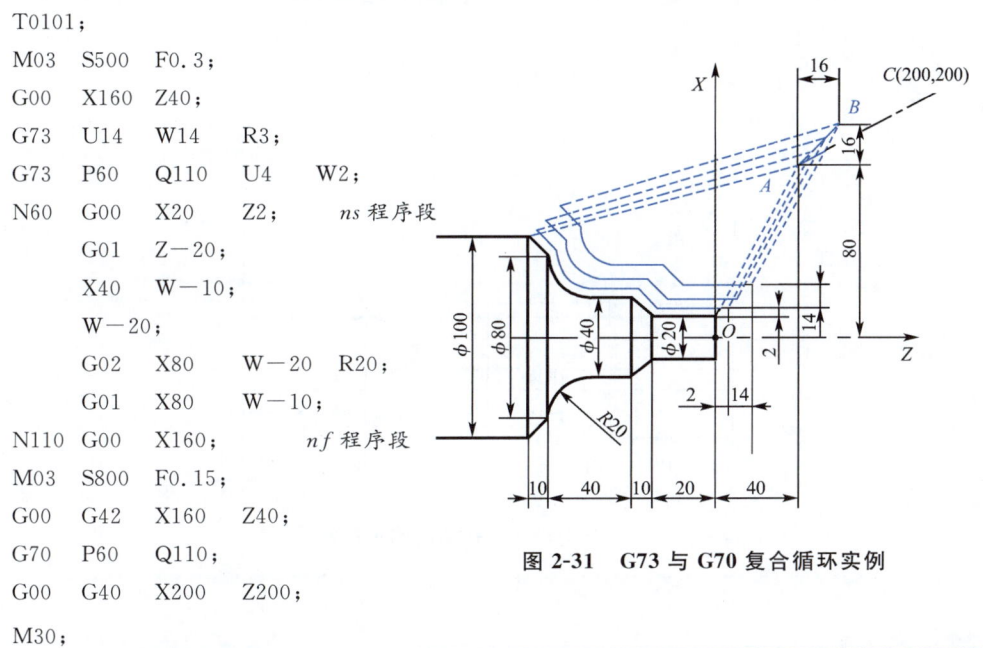

图 2-31 G73 与 G70 复合循环实例

5. 端面深孔钻削循环 G74

格式：G74 R(e)
      G74 Z(W)__ Q(Δk) F(f)

说明：
① G74 指令切削轨迹如图2-32所示，该指令可实现断屑加工，用作深孔钻削循环。
② e：回退量，该值是模态值；

Z:孔底的绝对坐标值;

W:孔底相对坐标值;

Δk:Z 轴方向的切削量(不带符号,用最小输入增量作为单位,不支持小数点输入);

f:进给速度。

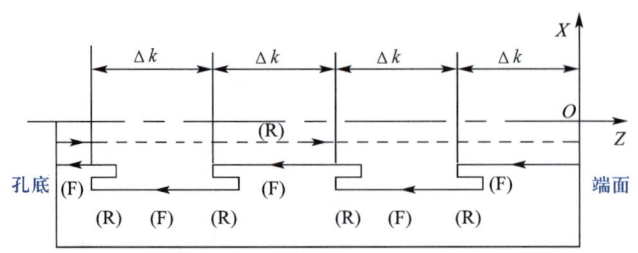

图 2-32 端面深孔钻削循环 G74

例 2-6

如图 2-33 所示深孔钻削循环,孔深为 80 mm,切削量为 20 000,回退量为 5 mm,进给速度为 0.08 mm/r,主轴转速为 800 r/min,程序如下:

```
G50  X50  Z100;
S800  M03  T0101;
G00  X0  Z5;
G74  R5;
G74  Z－80  Q20000  F0.08;
G00  X50  Z100;
M30;
```

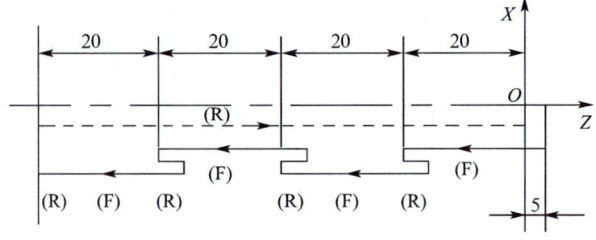

图 2-33 深孔钻削循环实例

四、螺纹加工

螺纹加工的类型包括:圆柱螺纹、圆锥螺纹、端面螺纹;单头螺纹和多头螺纹;恒螺距螺纹与变螺距螺纹。不同的数控系统,螺纹加工指令也有差异,实际应用中按所使用机床的要求编程加工。

1. 螺纹加工方法

在数控车床上加工螺纹的进刀方式通常有直进法和斜进法,如图 2-34 所示。直进法使刀具双侧刃切削,切削力较大,一般用于螺距或导程小于 3 mm 的螺纹加工。斜进法使刀具单侧刃切削,切削力较小,一般用于螺距或导程大于 3 mm 的螺纹加工。

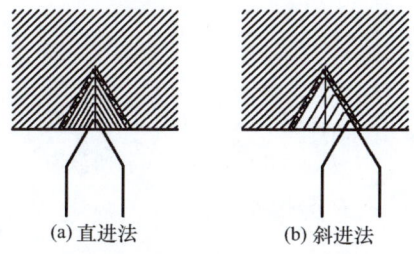

图 2-34　螺纹加工方法

加工螺距较大、牙型较深的螺纹时,常采用多次走刀、分层切削的方法进行加工。每次的切削深度按递减规律分配,递减规律由数控系统设定,目的是使每次的切削面积接近相等。常用螺纹切削的进给次数与切削深度可参考表 2-3。

表 2-3　　　　　　　　　常用螺纹切削的进给次数与切削深度

公制螺纹								
螺距/mm		1.0	1.5	2	2.5	3	3.5	4
牙深(半径值)		0.649	0.974	1.299	1.624	1.949	2.273	2.598
进给次数及切削深度(直径值)	1 次	0.7	0.8	0.9	1.0	1.2	1.5	1.5
	2 次	0.4	0.6	0.6	0.7	0.7	0.7	0.8
	3 次	0.2	0.4	0.6	0.6	0.6	0.6	0.6
	4 次		0.16	0.4	0.4	0.4	0.6	0.6
	5 次			0.1	0.4	0.4	0.4	0.4
	6 次				0.15	0.4	0.4	0.4
	7 次					0.2	0.2	0.4
	8 次						0.15	0.3
	9 次							0.2
英制螺纹								
牙/in		24	18	16	14	12	10	8
牙深(半径值)		0.678	0.904	1.016	1.162	1.355	1.626	2.033
进给次数及切削深度(直径值)	1 次	0.8	0.8	0.8	0.8	0.9	1.0	1.2
	2 次	0.4	0.6	0.6	0.6	0.6	0.7	0.7
	3 次	0.16	0.3	0.5	0.5	0.6	0.6	0.6
	4 次		0.11	0.14	0.3	0.4	0.4	0.5
	5 次			0.13	0.21	0.4	0.5
	6 次						0.16	0.4
	7 次							0.17

加工多头螺纹时,首先车好一条螺纹,然后轴向移动一个螺距,再车另一条螺纹。

2. 螺纹尺寸的计算

在用螺纹车削加工指令编程前,需对螺纹的相关尺寸进行计算,以确定车削螺纹程序段中的有关参数。

(1) 螺纹径向尺寸的确定

一般可按下式近似计算：

螺纹大径　　　　　　　　$d_{大} \approx d - (0.10 \sim 0.14)P$

螺纹小径　　　　　　　　$d_{小} = D_{小} = d - 1.30P$

式中，d 为螺纹的公称直径，mm；P 为螺距，mm。

(2) 螺纹牙型高度

车削螺纹时，车刀总的切削深度是牙型高度，即螺纹牙顶与牙底之间垂直于螺纹轴线的距离。根据《普通螺纹　基本尺寸》(GB/T 196—2003)规定，普通螺纹的牙型理论高度 $H = 0.866P$，实际加工时，由于螺纹车刀刀尖圆弧半径的影响，螺纹牙型实际高度为

$$h = 5H/8 = 0.54125P$$

式中，H 为牙型理论高度，mm；h 为牙型实际高度，mm；P 为螺距，mm。

(3) 螺纹进刀与退刀距离

在加工螺纹时，沿螺距方向（Z 轴方向）刀具进给速度与主轴转速有严格的匹配关系。由于螺纹加工开始有一个加速过程，结束有一个减速过程，在加/减速过程中主轴转速保持不变，因此，在这两段距离内螺距是变化的，如图 2-35 所示。车削螺纹时，为了避免在进给机构加/减速过程中切削，应留有一定的加速进刀距离 δ_1 和减速退刀距离 δ_2。其数值与进给系统的动态特性、螺纹精度和螺距有

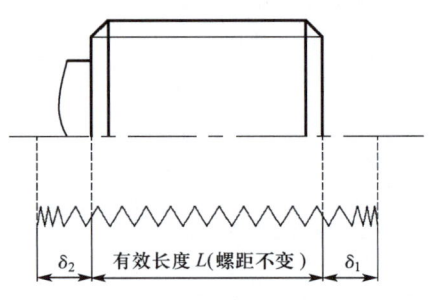

图 2-35　进刀与退刀距离

关，一般 $\delta_1 = 2 \sim 5$ mm，$\delta_2 = (1/4 \sim 1/2)\delta_1$。刀具实际 Z 轴方向行程包括螺纹有效长度 L、加速进刀距离 δ_1 和减速退刀距离 δ_2。

3. 螺纹车削加工指令

不同的数控系统，螺纹车削加工指令格式和输入的参数不尽相同，编程前要仔细阅读编程说明书。

(1) 单行程螺纹切削指令 G32

格式：G32　X(U)__　Z(W)__　Q__　F__

说明：

式中　X、Z——单行程螺纹切削终点坐标。

　　　W——单行程螺纹切削终点相对于螺纹切削起点的增量坐标。

　　　Q——起始角，指主轴一转信号与螺纹切削起点的偏移角度。

　　　F——螺纹导程。

注意:

①在切削过程中,车刀进给运动严格按指令中规定的螺纹导程进行。

②在程序设计时,应将车刀的切入、切出、返回均编入程序中。

③对图 2-36 所示的圆锥螺纹,其斜角 $\alpha<45°$ 时,螺纹导程以 Z 轴方向指定,$45°\leqslant\alpha\leqslant 90°$ 时,以 X 轴方向指定。

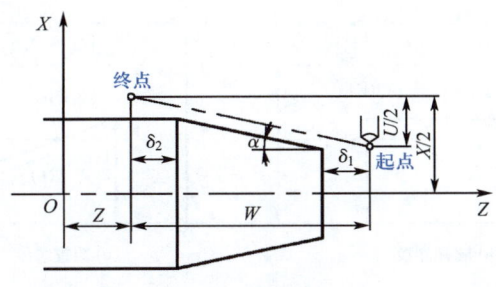

图 2-36 螺纹加工 G32

(2)变导程螺纹切削指令 G34

格式:G34 X(U)__ Z(W)__ F__ K__

说明:

式中 $X(U)$、$Z(W)$、F——含义与 G32 相同。

K——螺纹每导程的增减量,其范围为 0.000 1~100 mm/r,如图 2-37 所示。

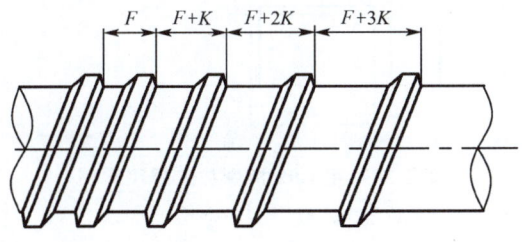

图 2-37 变导程螺纹

(3)螺纹切削循环指令 G92

螺纹切削循环指令 G92 为简单螺纹循环指令,该指令可切削圆柱螺纹和圆锥螺纹,其循环路线与前述的外径/内径切削循环基本相同,只是 F 的含义为螺距值(若为多头螺纹,则为导程值)。由于该指令采用直进法进刀,因此一般用于加工螺距数值较小的螺纹。

螺纹编程循环
指令 G92

①圆柱螺纹切削循环

格式:G92 X(U)__ Z(W)__ F__

说明:如图 2-38(a)所示,刀具从循环起点 A 开始,按 A、B、C、D 进行自动循环,最后又回到循环起点 A。式中的 X、Z 为切削终点(C 点)的坐标值;U、W 为起点坐标到终点坐标增量值,F 为螺距。图中的(R)为刀具快速移动,(F)为刀具按指定的螺距进给移动。

②圆锥螺纹切削循环

格式:G92　X(U)__　Z(W)__　R__　F__

说明:如图 2-38(b)所示,式中的 X(U)、Z(W)、F 的含义同上,R 为圆锥螺纹起点半径与终点半径的差值,R 值的正负判断方法与 G90 相同。

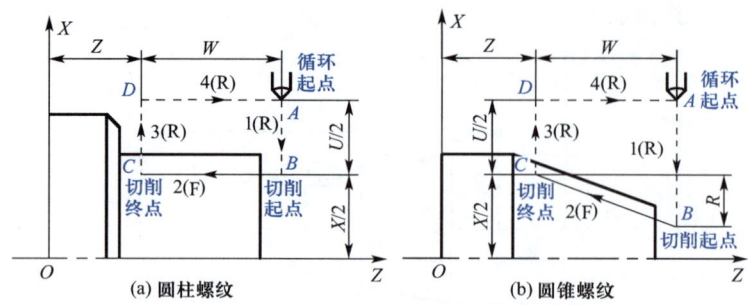

图 2-38　螺纹切削循环 G92

例 2-7

车削图 2-39 所示 M30×2-6g 的普通螺纹,试编写加工程序。

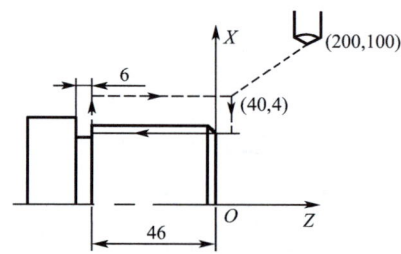

图 2-39　用 G92 指令加工螺纹实例

由螺纹大径计算公式,计算该螺纹大径为 $d_{大}=d-(0.10\sim0.14)P=30-(0.10\sim0.14)\times2=29.72\sim29.80$ mm,此处取编程大径为 $\phi29.80$ mm。编程小径为 $d_{小}=D_{小}=d-1.30P=30-1.30\times2=27.40$ mm,取编程小径为 $\phi27.40$ mm。

加工程序如下:

S800　M03　T0101;
G00　X40　Z4;
G92　X29.1　Z-49　F2;
　　　X28.6;
　　　X28.2;
　　　X27.8;
　　　X27.5;
　　　X27.4;
G00　X200　Z100;
M05;
M30;

(4) 螺纹切削复合循环指令 G76

螺纹切削复合循环指令 G76 为复合螺纹循环指令,该指令可切削圆柱螺纹和圆锥螺纹,其循环路线与前述的外径/内径切削复合循环基本相同,只是 F 的含义为螺距值(若为多头螺纹,则为导程值)。由于该指令采用斜进法进刀,因此一般用于加工螺距数值较大的螺纹。

格式：G76　P(m)(r)(a)　Q(Δd_{min})　R(d);
　　　 G76　X(U)　Z(W)　R(i)　P(k)　Q(Δd)　F(f);

说明：

式中　m——精加工修整次数(两位整数表示);

　　　r——螺纹退尾端倒角量(两位整数表示,该值为设定值×0.1×螺距);

　　　a——刀尖角度(两位整数表示);

　　　Δd_{min}——半径方向最小切削深度(按最小设定单位编写),当第 n 次切削深度 $\Delta d(\sqrt{n}-\sqrt{n-1})$ 小于 Δd_{min} 时,则切削深度设定为 Δd_{min};

　　　d——精加工余量;

　　　$X(U)、Z(W)$——最后一次走刀的终点坐标;

　　　i——$R_起-R_终$;

　　　k——半径方向牙型高度(按最小设定单位编写);

　　　Δd——半径方向第一次的背吃刀量(按最小设定单位编写);

　　　f——导程。

图 2-40 所示为螺纹走刀路线及进刀法。其中 X、Z、U、W、R 的含义与 G92 中的含义相同;k 为螺纹牙型高度(半径值),通常为正值;Δd 为第一次进给的背吃刀量(半径值),通常为正值;F 指令螺纹导程;a 为螺纹牙型角。

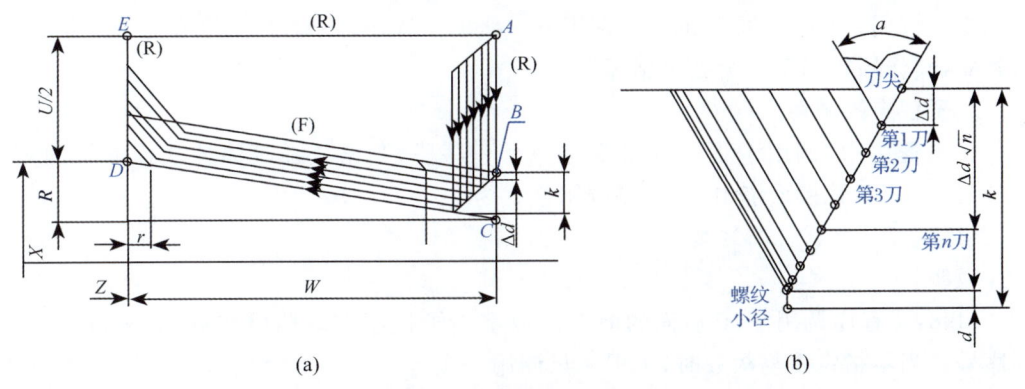

图 2-40　G76 循环方式

例 2-8

编制如图 2-41 所示螺纹加工程序。

G76　P010160　Q80　R0.1;

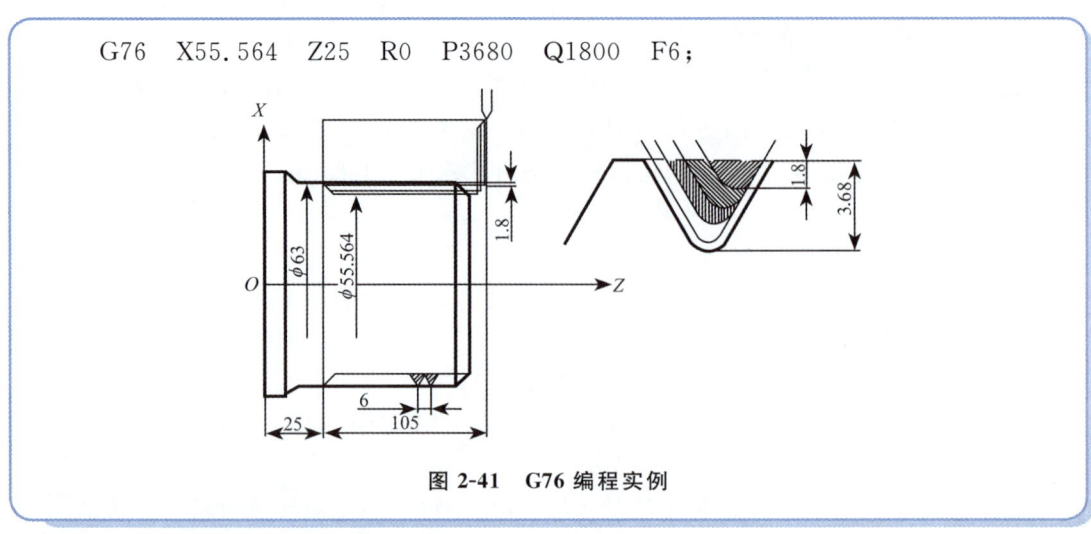

图 2-41 G76 编程实例

五、子程序的应用

如果在一个程序中,包含固定顺序或多次出现完全相同或相似的程序段,为简化程序,可以把这些重复的程序段单独抽出,并按一定格式单独加以命名,称之为子程序。

1. 子程序的结构

子程序与主程序相似,由子程序名、程序内容和程序结束指令组成。

例如:O××××;　　　　子程序名
　　　……　　　　　　子程序内容
　　　M99;　　　　　　子程序结束

将子程序储存于数控系统内,主程序在执行过程中,如果需要某一子程序,可以通过一定指令调用。一个子程序也可以调用下一级的子程序。子程序必须在主程序结束指令后建立,其作用相当于一个固定循环。

2. 子程序的调用

在主程序中,调用子程序的指令是一个程序段,其格式随具体的数控系统而定,在FANUC 0i-TF 数控系统中,子程序调用格式为

M98　P×××　××××

说明:

M98:子程序调用字,P 后面的前 3 位数字为子程序重复调用次数,后 4 位数字为子程序号。当不指定重复次数时,子程序只调用一次。

例如:M98　P51002;

该指令连续调用子程序(O1002)5 次。

子程序调用指令(M98　P __)可以与运动指令在同一个程序段中使用。

例如:G00　X100　M98　P1200;

该指令是在 X 轴运动后调用子程序 O1200。

从主程序调用子程序举例:

主程序
　N0010；
　N0020；
　N0030　M98　P21010；
　N0040；
　N0050　M98　P1010；
　N0060；

子程序
　O1010；
　N1020；
　N1030；
　N1040；
　N1050；
　N1060　M99；

3. 子程序的嵌套

子程序调用下一级子程序称为嵌套，上一级子程序与下一级子程序的关系，与主程序与第一层子程序的关系相同。子程序可以嵌套多少层由具体的数控系统决定。在 FANUC 0i-TF 数控系统中，子程序调用最多可嵌套 4 层。

各种数控系统子程序调用的代码各不一样，指令格式及要求也有所不同，但都在主程序中相应位置设置了调用子程序的代码、子程序号及调用次数，子程序结束时，必须有表示子程序结束的代码，以便子程序返回主程序，详细要求可仔细阅读程序说明书。

例 2-9

如图 2-42 所示为车削不等距槽。已知：毛坯直径为 $\phi32$ mm，长度为 77 mm，一号刀为外圆车刀，三号刀为切断刀，其宽度为 2 mm，加工程序如下：

　O0010；
　T0101；
　S800　M03　M08；

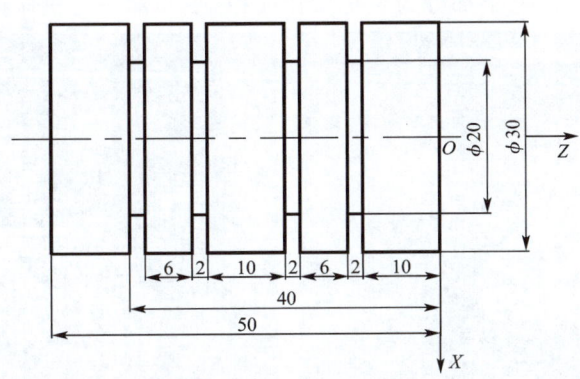

图 2-42　子程序应用实例

　G00　X35　Z0；
　G01　X0　F0.3；
　G00　X30　Z2；
　G01　Z-55；
　G00　X150　Z100；
　T0303；
　G00　X32　Z2；

```
G01    Z0;
M98    P20015;
G00    X150   Z100;
       M09;
M30;
O0015;
G00    W-12;
G01    U-12   F0.15;
G04    X1;
G00    U12;
       W-8;
G01    U-12   F0.15;
G04    X1;
G00    U12;
M99;
```

六、FANUC 0i-TF 系统的数控机床操作

1. 认识数控系统操作面板

FANUC Series 0i-MODELF Plus 数控系统的操作面板如图 2-43 所示,数控系统的操作面板由两部分组成:上半部分为系统操作面板,下半部分为机床操作面板。

 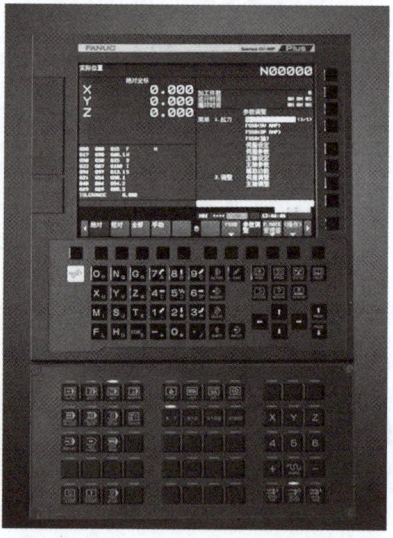

图 2-43 FANUC Series 0i-MODELF Plus 数控系统的操作面板

2. 了解数控系统操作面板的按键功能

系统操作面板按键说明如图 2-44 所示,其上功能键说明如下:

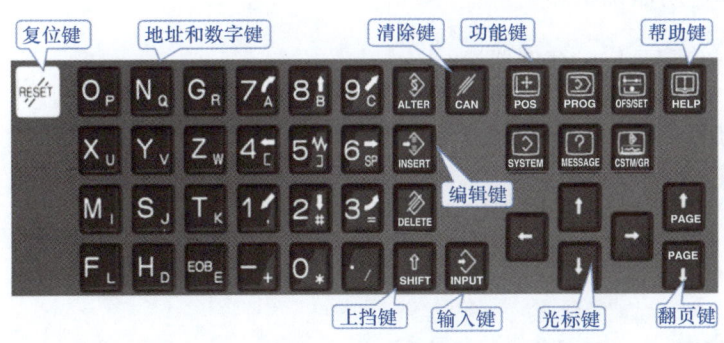

图 2-44 系统操作面板按键说明

![POS] ——按下此键显示位置显示画面。

![PROG] ——按下此键显示程序画面。

![OFS/SET] ——按下此键显示偏置/设定画面。

![SYSTEM] ——按下此键显示系统画面。

![MESSAGE] ——按下此键显示信息画面。

![CSTM/GR] ——按下此键显示图形画面。

机床操作面板按键说明如图 2-45 所示。

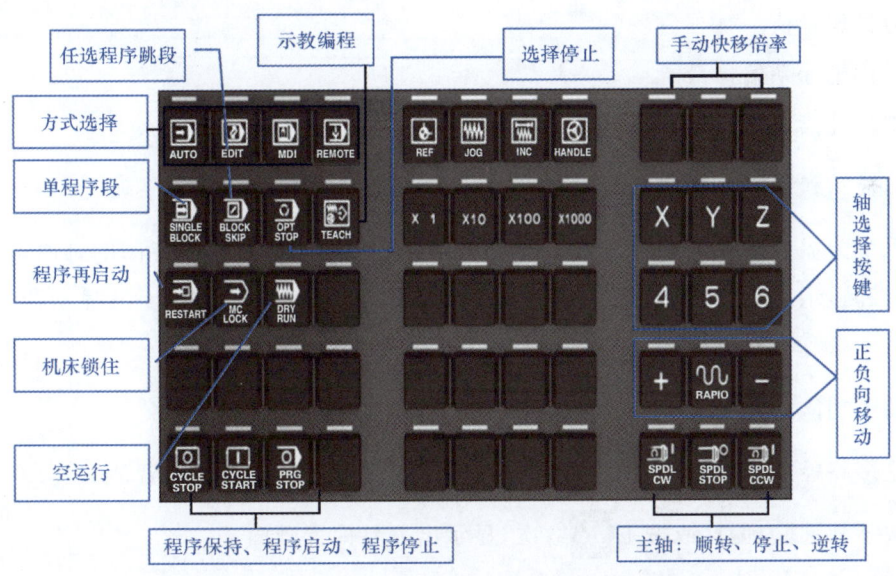

图 2-45 机床操作面板按键说明

方式选择键功能说明如下：

(1) ▣(AOTU)——存储器运行。

(2) ▣(EDIT)——存储器编辑。

(3) ▣(MDI)——手动数据输入。

(4) ▣(REMOTE)——DNC 运行。

(5) ▣(REF)——手动参考点返回。

(6) ▣(JOG)——JOG 进给。

(7) ▣(INC)——增量进给。

(8) ▣(HANDLE)——手轮进给。

3. 数控车床的对刀操作

(1) 按下功能键 ▣：显示的画面

按下功能键 ▣，可显示或设定刀具偏置值及其他各类设定数据。

本节描述如何显示或设定下面数据：

① 刀具偏置值。

② 工件坐标系偏移量。

③ 刀具补偿/第 2 形状偏置值。

(2) 显示和设定刀具偏置值

本系统为显示和设定刀具位置偏置值及刀尖半径补偿值提供了专门的画面。

设定和显示刀具位置偏置值、刀尖半径补偿值的步骤(8.4 in/10.4 in 显示器的情形)如下：

① 按下功能键 ▣。

若是多路径系统，事先利用路径选择开关设定哪个路径的刀具偏置值。

② 按下软键【刀偏】，或按下 ▣ 数次，显示出刀具偏置画面。

根据有无刀具形状/磨损偏置，所显示的画面会有所不同，如图 2-46 所示。

③ 利用翻页键、光标键将光标移动到想要设定/修改的偏置值位置，或者输入想要设定/修改的刀具偏置值的偏置号，再按下软键【搜索号码】。

④想要设定偏置值时,输入想要设定的偏置值,按下软键【输入】。想要修改偏置值时,输入想要增减的值并按下软键【+输入】。T 是假想刀尖的编号。将 T 设定为形状偏置或磨损偏置都可以。

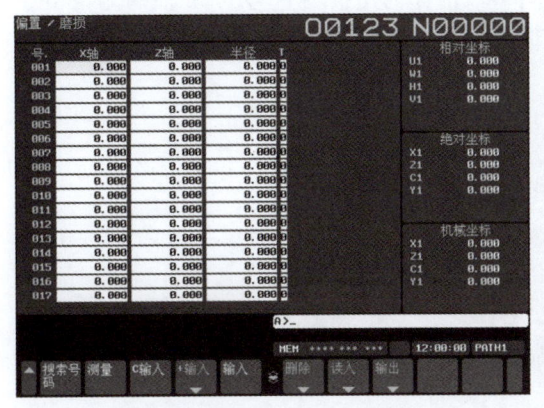

(a)刀具磨损偏置值(10.4 in 显示器)

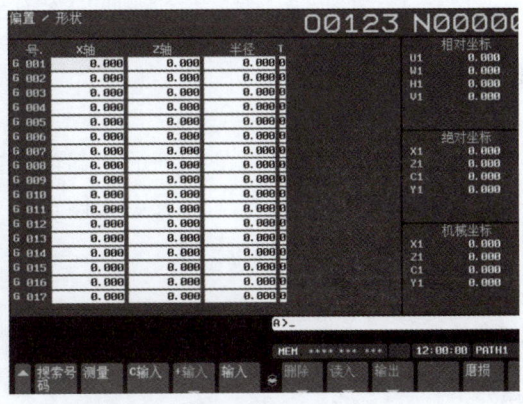

(b)刀具形状偏置值(10.4 in 显示器)

图 2-46 刀具偏置画面

(3)刀具补偿测量值直接输入

可以将编程时的刀具参考位置(标准刀尖和转台中心等)与实际使用的刀具的刀尖位置之间的差值作为偏置值进行设定,刀具补偿测量值直接输入的步骤如下:

①设定 Z 轴偏置值

a. 选择实际使用的刀具后,在手动模式下切削 A 面。A、B 面示意图如图 2-47 所示,假定工件坐标系已被设定。

b. 仅在 X 轴方向松开刀具,不移动 Z 轴,停止主轴。

c. 测量从工件坐标系的原点到 A 面的距离 β,将该值作为下列步骤中的所需偏置号的 Z 轴测量值数据,并予以设定。

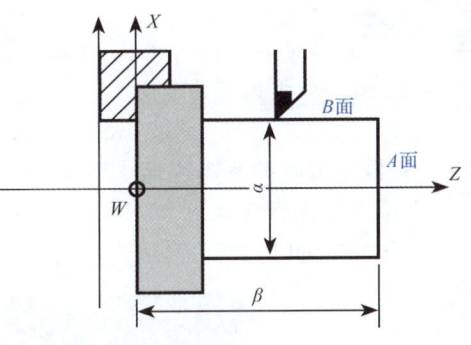

图 2-47 切削面示意图

(a)按下功能键 [OFS/SET] 及软键【刀偏】,显示刀具偏置画面。如果分别指定形状偏置值和磨损偏置值,只显示其中的一个。

(b)用光标键将光标移至已设定的偏置号位置。

(c)按下将被设定的轴(Z 轴)的地址键 [z]。

(d)输入测量值(β)。

(e)按下软键【测量】。

测量值 β 和坐标值的差值被作为偏置值设定。

②设定 X 轴偏置值

a.以手动模式切削 B 面。

b.仅在 Z 轴方向松开刀具,不移动 X 轴,停止主轴。

c.测量 B 面的直径 α,用与 Z 轴相同的方法将该值作为所需偏置号的 X 轴的测量值。

d.重复①设定 Z 轴偏置值的步骤 a~c 和②设定 X 轴偏置值的步骤 a~c,其重复次数和所需刀具数相同。

偏置值被自动计算并设定。

譬如,在图 2-47 中,在 B 面的坐标值=70.0,α=69.0 时,在偏置号 No.02 设定 69.0 并按下软键【测量】,即把 1.0 设定为偏置号 02 的 X 轴偏置值。

(4)偏置值的计数器输入

通过将刀具移动到任意的基准点,即可设定任意位置的偏置值。在进行偏置值的计数器输入时,刀具补偿画面(8.4 in/10.4 in 显示器的情形)如图 2-46 所示。具体操作步骤如下:

①通过手动运行,使参考刀具对准在基准点。

②将轴的相对坐标值复位至 0。

③把将要设定的偏置值对准在基准点。

④选择刀具补偿画面,利用光标键将光标移至将要设定的偏置值的位置。

⑤按下地址键 x (或 z),再按下软键【C 输入】。

> **注意**
>
> 形状偏置和磨损偏置:在刀具补偿/形状画面上进行上述操作时,可以输入刀具形状偏置值,磨损偏置值不变。此外,也可以输入刀具磨损偏置值,而形状偏置值不变。

4. 程序编辑的基本操作

(1)程序编辑界面

MEM/EDIT/MDI/RMT 方式时,程序编辑界面如图 2-48 所示。

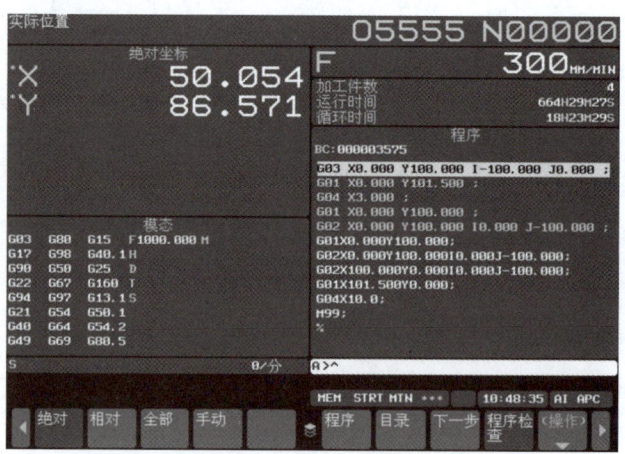

图 2-48　程序编辑界面

(2) EDIT 方式下的界面

EDIT 方式下的界面如图 2-49 所示。

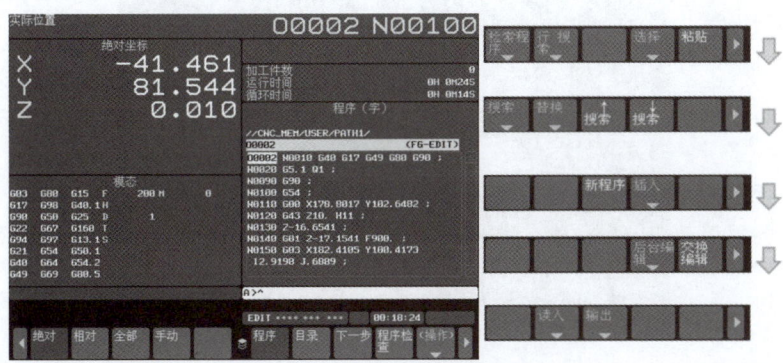

图 2-49　EDIT 方式下的界面

(3) 程序列表显示(EDIT 方式)

程序显示列表如图 2-50 所示。

图 2-50　程序显示列表

(4) 文件夹显示

程序在文件夹中的显示界面如图 2-51 所示，文件及路程显示如图 2-52 所示。

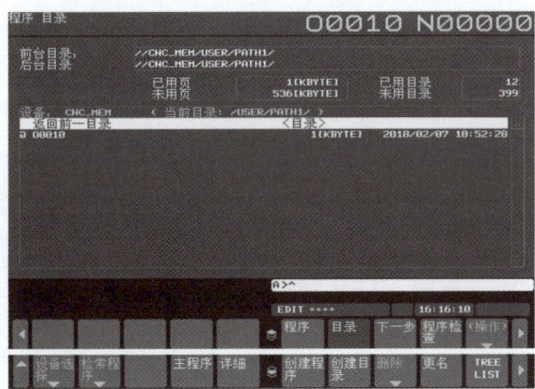

图 2-51　程序在文件夹中的显示界面

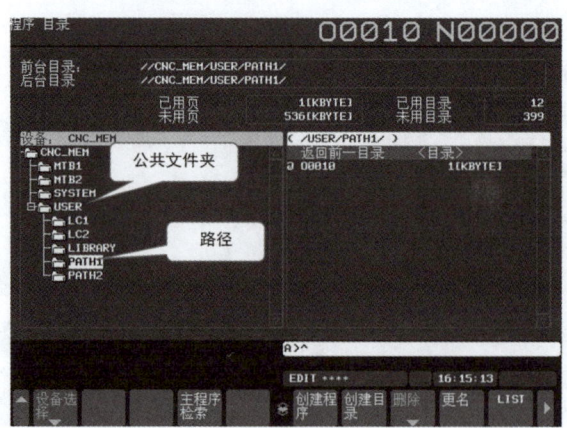

图 2-52 文件及路径显示

2.3 SINUMERIK 840D 系统数控车削编程与加工

一、与 FANUC 系统的几点不同

1. G90/G91——绝对坐标/增量坐标编程指令

格式：G90

　　　G91

　　　X/Z=AC(　　) 　　某轴以绝对坐标输入，非模态指令

　　　X/Z=IC(　　) 　　某轴以增量坐标输入，非模态指令

说明：

(1) 用 $X/Z=AC(\quad)$，$X/Z=IC(\quad)$ 定义赋值时必须要有一个等于符号。数值要写在圆括号中。

(2) 圆心坐标也可以以绝对坐标用 $I/K=AC(\quad)$ 定义。

如：G90　G0　X20　Z90;　　　　　绝对坐标编程

　　　　 X75　Z=IC(-32);　　　　X 仍然是绝对坐标，Z 是增量坐标

　　……

　　　G91　X50　Z30;　　　　　　增量坐标编程

　　　　 X-12　Z=AC(18);　　　　X 仍然是增量坐标，Z 是绝对坐标

2. G2/G3——圆弧插补指令

格式：G2/G3　CR=　X__　Z__　F__

　　　或 G2/G3　AR=　X__　Z__　F__

说明：

(1) CR：圆弧半径。

(2) AR：圆心角。

已知终点和半径编程举例：如图 2-53 所示圆弧，编程如下：
G90　G0　X100　Z95；　　　　　　圆弧的起始点
G3　　　X100　Z12　CR＝55；　　　终点和圆弧半径

已知终点和圆心角编程举例：如图 2-54 所示圆弧，编程如下：
G90　G0　X100　Z95；　　　　　　圆弧的起始点
G3　　　X100　Z12　AR＝97；　　　终点和圆心角

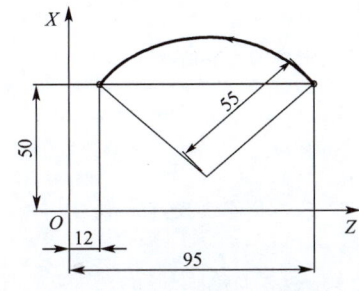
图 2-53　终点和半径编程

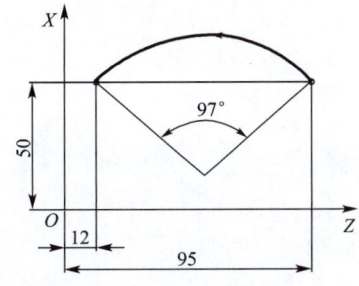
图 2-54　终点和圆心角编程

3. G4——暂停指令

格式：G4　F＿＿　　暂停时间（s）
　　　G4　S＿＿　　暂停主轴转数

说明：
（1）该指令可以使加工中断给定的时间，如退刀槽切削。
（2）G4 指令单程序段有效，为非模态代码。

如：G1　Z－50　F200　S200　M3；　　设定进给率 F 和主轴速度 S
　　G4　F3；　　　　　　　　　　　　暂停 3 s
　　Z70；
　　G4　S20；　　　　　　　　　　　主轴暂停 20 r，相当于在 200 r/min 时暂停 0.1 min
　　X50；　　　　　　　　　　　　　F 指令和 S 指令继续有效

4. G33——恒螺距螺纹切削指令

格式：G33　Z＿＿　K＿＿　SF＝　　　　圆柱螺纹
　　　G33　Z＿＿　X＿＿　K＿＿　SF＝　圆锥螺纹，锥角小于 45°
　　　G33　Z＿＿　X＿＿　I＿＿　SF＝　圆锥螺纹，锥角大于 45°
　　　G33　X＿＿　I＿＿　SF＝　　　　横向（端面）螺纹

说明：
（1）用来加工带恒定螺距的螺纹，要求主轴有位置测量系统。
（2）SF：起始点偏移（绝对坐标）。在加工螺纹中切削位置偏移以后以及在加工多头螺纹时，均要求起始点偏移一段距离。
（3）在具有两个坐标轴尺寸的圆锥螺纹加工中，螺距地址 I 或 K 下必须设置较大位移的螺纹尺寸，另一个较小的螺纹尺寸不用给出。
（4）M3 为右旋螺纹；M4 为左旋螺纹。
（5）螺纹长度中要考虑导入空刀量和退出空刀量。

例 2-10

如圆柱双头螺纹，第一条螺纹起始点偏移 0°，第二条螺纹起始点偏移 180°，螺纹长度（包括导入空刀量和退出空刀量）为 100 mm。螺距为 4 mm，右旋螺纹，圆柱已经预制，程序如下：

```
……
G54  G0  G90  X50  Z0  S500  M3;      回起始点，主轴右转
G33  Z-100  K4  SF=0;                  螺距为 4 mm，第一条螺纹线，0°偏移
G0   X54;
Z0;
X50;
G33  Z-100  K4  SF=180;                第二条螺纹线，180°偏移
G0   X54;
……
```

5. G94/G95——直线进给率/旋转进给率指令

格式：G94　F＿＿　　　　直线进给率 mm/min
　　　G95　F＿＿　　　　旋转进给率 mm/r

说明：

（1）对于车床，G94/G95 的作用会扩展到恒定切削速度 G96/G97 功能，还会对主轴 S 产生影响。

（2）G94 和 G95 更换时要求写入一个新的地址 F。

如：　G94　F310;　　　　进给率 310 mm/min
　　　S200　M3;　　　　主轴旋转
　　　G95　F15;　　　　进给率 15 mm/r

二、循环指令的应用

1. 切槽循环指令 CYCLE93

格式：LCYCLE93（SPD，SPL，WIDG，DIAG，STA1，ANG1，ANG2，RCO1，RCO2，RCI1，RCI2，FAL1，FAL2，IDEP，DTB，VARI）

说明：该指令用于对垂直轮廓单元进行对称或不对称切槽，可进行外部或内部切槽。各参数说明见表 2-4 和图 2-55。

表 2-4　　　　　　　　　　　　CYCLE93 参数表

参数	类型	说明
SPD	real	横向坐标轴起始点
SPL	real	纵向坐标轴起始点
WIDG	real	切槽宽度（无符号输入）
DIAG	real	切槽深度（无符号输入）

续表

参数	类型	说明
STA1	real	轮廓和纵向轴之间的角度,范围值:0°≤STA1≤180°
ANG1	real	侧面角1:在切槽一边,由起始点决定(无符号输入) 范围值:0°≤ANG1≤89.999°
ANG2	real	侧面角2:在另一边(无符号输入) 范围值:0°≤ANG1≤89.999°
RCO1	real	半径/倒角1,外部:位于起始点侧
RCO2	real	半径/倒角2,外部:在另一边
RCI1	real	半径/倒角1,内部:位于起始点侧
RCI2	real	半径/倒角2,内部:在另一边
FAL1	real	槽底的精加工余量
FAL2	real	侧面的精加工余量
IDEP	real	进给深度(无符号输入)
DTB	real	槽底停顿时间
VARI	int	加工类型,范围值:1～8 和 11～18

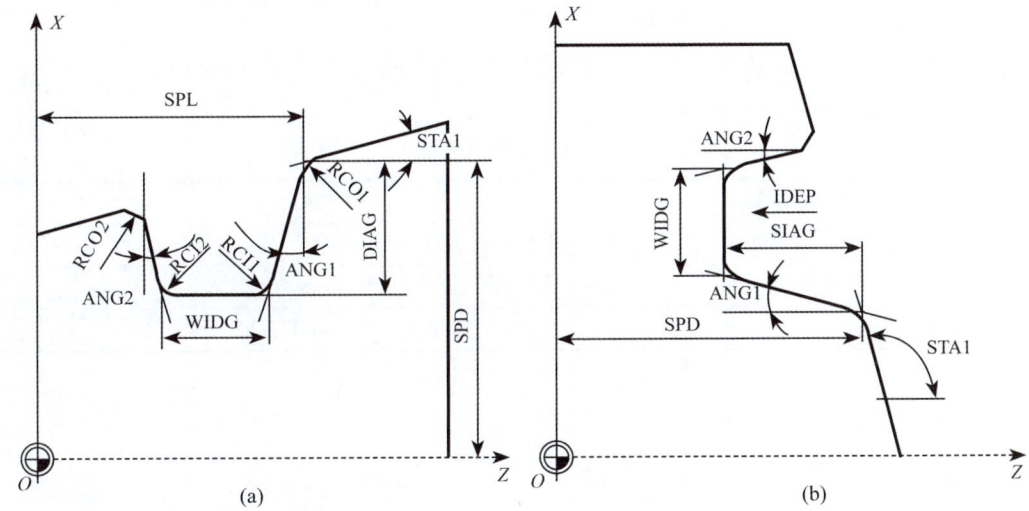

图 2-55 CYCLE93 参数说明

其中 VARI 为 1～8:倒角被考虑成 CHF(倒角的长度);VARI 为 11～18:倒角被考虑成 CHR(倒角的边长),如图 2-56 所示。

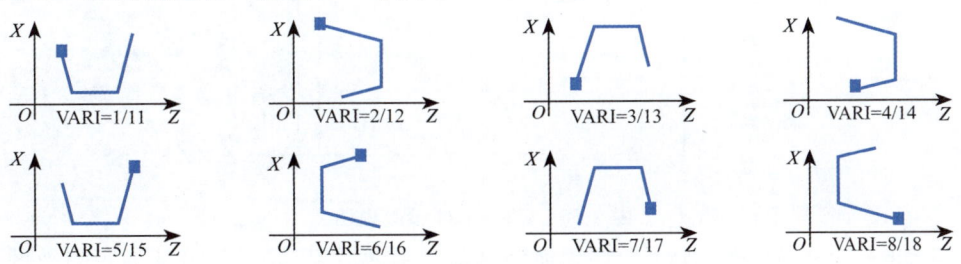

图 2-56 VARI 参数说明

例2-11

加工图2-57所示的凹槽,程序如下:

```
G90  T2  D1  S500  M03;
G95  F0.2;
G00  X70  Z38;
CYCLE93(60,41,15,20,0,20,20,0,
0,2,2,0.5,0.5,3,1,5);
G00  X82  Z50;
M05  M30;
```

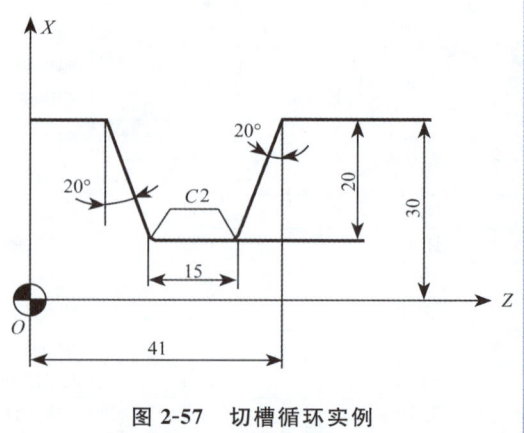

图 2-57　切槽循环实例

2. 退刀槽循环指令 CYCLE94

格式:LCYC94(SPD,SPL,FORM)

说明:该指令切削形状为"E"和"F"的退刀槽,要求成品直径大于 3 mm。

各参数说明见表 2-5 和图 2-58。

表 2-5　　　　　　　　　　CYCLE94 参数表

参数	类型	说明
SPD	real	横向坐标轴起始点(无符号输入)
SPL	real	纵向坐标轴的刀具补偿的起始点(无符号输入)
FORM	char	形状定义,值:"E"(用于形状 E)和"F"(用于形状 F)

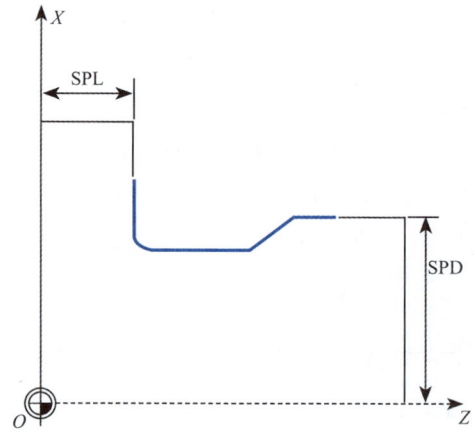

图 2-58　CYCLE94 参数说明

形状的定义如图 2-59 所示。调用循环之前必须激活刀具补偿,循环通过有效的刀具补偿自动计算刀沿位置(SL),循环可以在刀尖方向 1~4 运行。刀沿位置如图 2-60 所示。

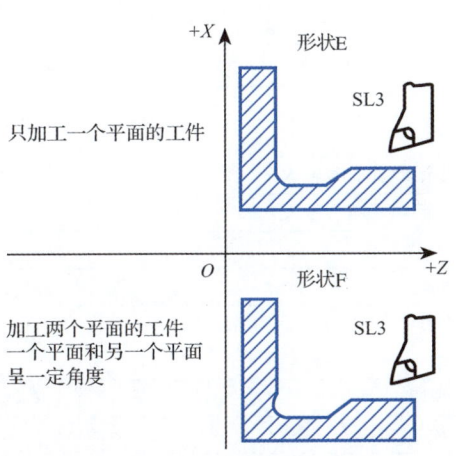

图 2-59 形状的定义

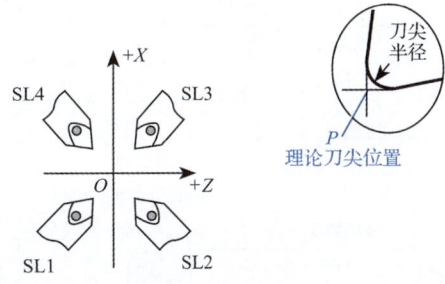

图 2-60 刀沿位置

例2-12

使用退刀槽切削循环指令切削如图 2-61 所示的 E 形退刀槽,程序如下:

```
G90  T2  D1  S300  M3;
G00  X70  Z100;
G95  F0.3;
CYCLE94(54,48,"E");
G90  G0  Z100  X70;
M05;
M30;
```

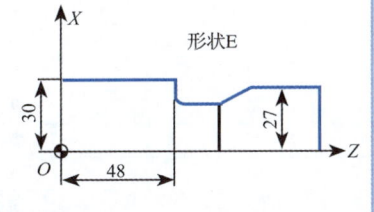

图 2-61 切退刀槽循环实例

3. 毛坯切削循环指令 CYCLE95

格式:CYCLE95（NPP, MID, FALZ, FALX, FAL, FF1, FF2, FF3, VARI, DT, DAM,_ VRT）

说明:用此循环指令可以在坐标轴平行方向加工由子程序编程的轮廓,可以进行纵向和横向加工,也可以进行内、外轮廓的加工。轮廓可以包括凸、凹切削成分。毛坯切削循环 CYCLE95 如图 2-62 所示。

各参数说明见表 2-6。其中,加工类型的数值为 1~12,见表 2-7。

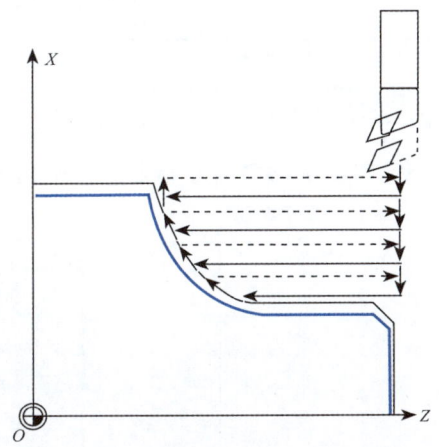

图 2-62 毛坯切削循环 CYCLE95

表 2-6　　CYCLE95 参数表

参数	类型	说　明
NPP	string	轮廓子程序名称
MID	real	进给深度(无符号输入)
FALZ	real	纵向坐标轴的精加工余量(无符号输入)
FALX	real	横向坐标轴的精加工余量(无符号输入)
FAL	real	轮廓的精加工余量
FF1	real	粗加工的进给率,无底切
FF2	real	在底切时插入的进给率
FF3	real	精加工的进给率
VARI	real	加工类型,范围值:1～12
DT	real	粗加工时用于断屑的停顿时间
DAM	real	粗加工因断屑而中断时所经过的路径长度
_VRT	real	粗加工时从轮廓的退回行程,增量(无符号输入)

表 2-7　　加工类型

数值	纵向/横向	外部/内部	粗加工/精加工/综合加工
1	纵向	外部	粗加工
2	横向	外部	粗加工
3	纵向	内部	粗加工
4	横向	内部	粗加工
5	纵向	外部	精加工
6	横向	外部	精加工
7	纵向	内部	精加工
8	横向	内部	精加工
9	纵向	外部	综合加工
10	横向	外部	综合加工
11	纵向	内部	综合加工
12	横向	内部	综合加工

例 2-13

使用毛坯切削循环指令加工如图 2-63 所示的轮廓,程序如下:

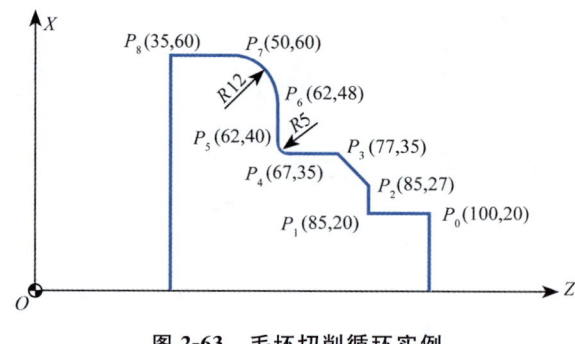

图 2-63　毛坯切削循环实例

```
MPXH.MPF;
T01  D01  G95  S500  M03  F0.4;            确定工艺参数
G00  Z125  X140;                            到达进刀点
CYCLE95("ZLH95",2,0.1,0.4,0.2,0.3,0.2,0.1,9,0,0,0.5);
G00  G90  X140;                             退刀
Z125;
M05  M30;
ZLH95.SPF                                   子程序
G01  Z100  X40;                             $P_0$ 点
Z85;                                        $P_1$ 点
X54;                                        $P_2$ 点
X70  Z77;                                   $P_3$ 点
Z67;                                        $P_4$ 点
G02  X80  Z62  CR=5;                        $P_5$ 点
G01  X96  Z62;                              $P_6$ 点
G03  X120  Z50  CR=12;                      $P_7$ 点
G01  Z35;                                   $P_8$ 点
RET;
```

4. 螺纹切削循环指令 CYCLE97

格式：CYCLE97(PIT,MPIT,SPL,FPL,DM1,DM2,APP,ROP,TDEP,FAL,IANG,NSP,NRC,NID,VARI,NUMT)

说明：用螺纹切削循环指令可以按纵向和横向加工具有恒螺距的螺纹，并且既能加工单头螺纹也能加工多头螺纹。多螺纹加工时，每个螺纹依次加工。左旋或右旋螺纹由主轴的旋转方向决定，该方向必须在循环指令调用前将程序编制好。车螺纹时，进给和主轴修调都不起作用。

各参数说明见表 2-8。

表 2-8   CYCLE97 参数表

参数	类型	说明
PIT	real	螺距（无符号输入）
MPIT	real	螺纹大径尺寸，范围值：3(M3)～60(M60)
SPL	real	纵向坐标轴螺纹起始点
FPL	real	纵向坐标轴螺纹终止点
DM1	real	起始点的螺纹直径
DM2	real	终止点的螺纹直径
APP	real	空刀导入量（无符号输入）
ROP	real	空刀退出量（无符号输入）

续表

参数	类型	说明
TDEP	real	螺纹深度(无符号输入)
FAL	real	精加工余量(无符号输入)
IANG	real	切入角,范围值:"+"侧面进给;"−"交互侧面进给
NSP	real	首圈螺纹的起始点偏移量(无符号输入)
NRC	int	粗加工切削数量(无符号输入)
NID	int	空刀数量(无符号输入)
VARI	int	螺纹的加工类型,范围值:1~4。 1:外部恒定深度进给;2:内部恒定深度进给; 3:外部恒定切削截面积进给;4:内部恒定切削截面积进给
NUMT	int	螺纹条数(无符号输入)

例2-14

使用螺纹切削循环指令加工如图 2-64 所示的螺纹,程序如下:

```
G95  G90  T3  D1  S500  M3;           确定工艺参数
G00  X50  Z115;                        编程的起始位置
CYCLE97(2,0,110,75,38,38,5,2,1.23,0.1,30,0,4,1,3,1);
G00  X100  Z150;                       循环结束后位置
M05;
M30;                                   程序结束
```

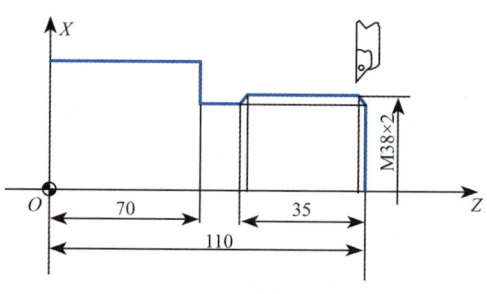

图 2-64　螺纹编程实例

三、子程序的应用

关于子程序的几点说明:

(1)子程序的结构与主程序的结构一样,子程序结束后返回主程序。

(2)子程序名可任意选取,与主程序中程序名的选取方法一样。

(3)可以用 M2 或 RET 指令结束子程序。

(4)子程序的嵌套深度为 8 层。

如：L123；　　　　调用子程序 L123，L123 并非 L0123 或 L00123，L 后的值可以有 7 位
　　HAO7；　　　　调用子程序 HAO7
　　L246　P4；　　调用子程序 L246，运行 4 次

拓展知识

倒角拐角、图纸尺寸直接编程

(1) 倒角 C/拐角 R

定义：某一单独轴的直线插补(G01)和垂直于该轴的单独轴的直线插补(G01)之间，自动地插入倒角 C 或拐角 R 的程序段。针对平面选择(G17、G18、G19)指令所确定的平面上的两个轴的移动，插入倒角 C/拐角 R 编程示例如图 2-65 所示。

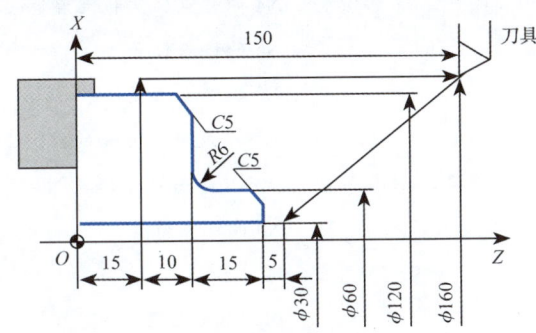

图 2-65　倒角 C/拐角 R 编程示例(1)

注意：开启功能需将参数 CCR(No.8134#2)设定为"1"。

T1D1；		
S400	M03；	指定主轴转速，主轴回转指令
G00	X30　Z45；	定位
G01	Z40　F0.3；	直线切削，进给量 0.3 mm/r
X60	C5；	直线切削，倒角
Z25	R6；	直线切削，拐角
X120	C5；	直线切削，倒角
Z15；		直线切削
X130；		退刀
G00	X160　Z150；	返回到加工起始点
M30；		程序结束

(2) 图纸尺寸直接输入

定义：使用填写在加工图纸上的直线的角度、倒角 C 值、拐角 R 值进行编程。还可以在任意角度的直线和直线间插入倒角 C 或拐角 R。示例如图 2-66 所示。

注意：图纸尺寸直接输入功能仅在存储器运行方式下有效。

倒角C/拐角R功能有效的情况下［参数CCR(No.8134♯2)="1"］，使用图纸尺寸直接输入。

将参数CRD(No.3453♯0)设定为"1"，图纸尺寸直接输入有效（此时，倒角C拐角R功能无效）。

　　T1D1；

　　M3　S500；

　　N1　G00　X320　Z150；

　　N2　G00　X0　Z5；　　　　　　　趋近

　　N3　G01　Z0　F0.3；　　　　　　向工件中心移动

　　N4　X60　C3　F0.3；　　　　　　N4的终点位置和倒角量(C3.0)

　　N5　Z-30　R6；　　　　　　　　N5的终点位置

　　N6　X100；　　　　　　　　　　N6的终点位置

　　N7　A170　R20；　　　　　　　 从N7起始点开始的前进方向角度和拐角量

　　N8　X300　Z-180　A112　R15；　从N9起始点开始与N8的角度和拐角量

　　N9　Z-210；　　　　　　　　　　N9的终点位置

　　N10　X310；　　　　　　　　　　退刀

　　N11　G00　X320　Z150；　　　　回到起始位置

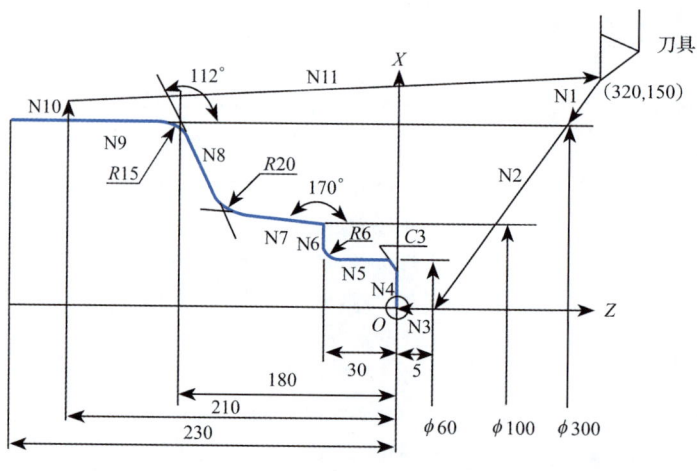

图 2-66　图纸尺寸直接输入编程示例

五、SINUMERIK 840D 系统的数控车床操作

1. SINUMERIK 840D 系统操作面板的认知

（1）认识系统操作面板

系统操作面板称作面板处理单元，分为键盘横向布置与键盘纵向布置两种布局，包括接口、屏幕及按键，如图 2-67 所示。

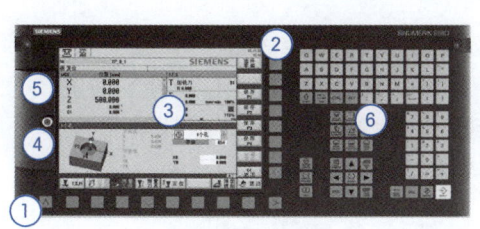 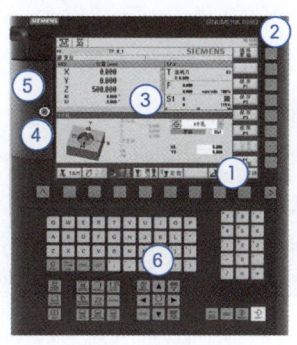

（a）键盘横向布置　　　　　　　　（b）键盘纵向布置

图 2-67　数控车床 SINUMERIK 840D 系统操作面板

系统操作面板各区域说明如下：

①1 个菜单返回键＋8 个水平菜单键＋1 个水平菜单扩展键。

②8 个垂直菜单键。

③彩色显示屏。

④USB 接口、以太网接口、CF 卡插槽。

⑤准备就绪状态 LED 指示灯——红/绿状态、CF 卡读写访问状态 LED 指示灯、数控装置运行状态 LED 指示灯。

⑥CNC 全尺寸标准键盘。

（2）前端接口

屏幕左侧的盖板配有锁紧螺钉和橡胶密封圈，锁紧螺钉后可以隔绝外部环境中切削液、油雾、粉尘、切屑等有害污染，端盖内藏有三种外部通信接口和系统状态指示灯，如图 2-68 所示。

三种外部通信接口自上而下分别是：以太网接口、USB 接口和 CF 卡接口。

① 以太网接口

以太网接口用于连接外部 PC，借助西门子专用的传输软件，可以将外部 PC 中的加程序传送到 840D 系统内部。

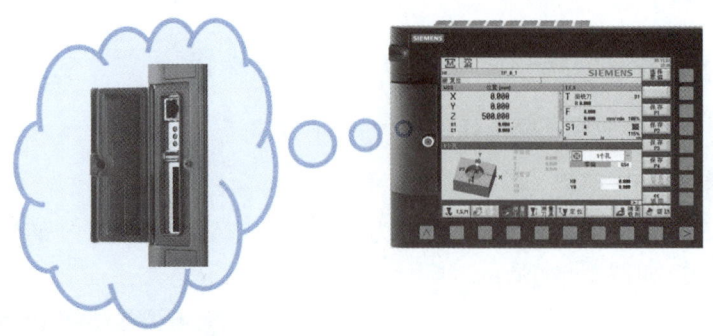

图 2-68　前端接口

② USB 接口

USB 接口可以连接各种规格的 U 盘,既可以将加工程序从 U 盘拷贝到系统内部,也可以直接执行 U 盘上的加工程序。系统内部的程序存储空间通常较小(只有几兆),但是 840D 系统却可以支持使用最大容量达到 32 GB 的 U 盘。在从 U 盘中执行加工程序时,需要特别注意不要随意触碰 U 盘,确保与 U 盘系统接触良好。

③ CF 卡接口

CF 卡与 U 盘的作用相同,虽然 CF 卡的购买不如 U 盘方便,而且 CF 卡在系统上不如 U 盘那样便于反复插拔,但是,CF 卡作为出自工业标准的产品,通常比 U 盘的可靠性更高,更适合长期置入系统前面的 CF 卡接口(插槽)内,用于扩充系统内部的程序存储空间。

(3)认识屏幕的各个显示区域

屏幕的各个显示区域如图 2-69 所示。

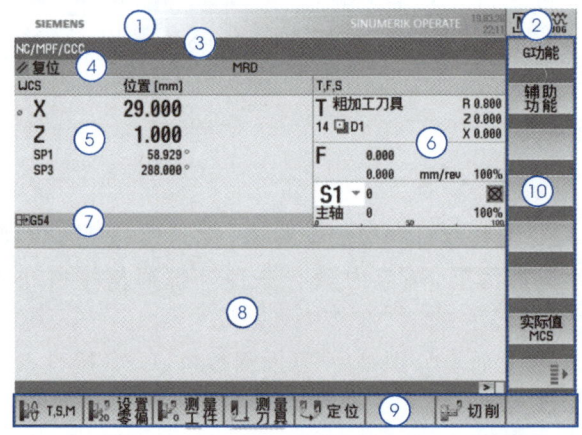

图 2-69　屏幕布置图

①信息显示区:显示机床提示信息(黑色字体)及系统报警信息(红色字体)

②操作状态显示:显示当前的操作区域和操作方式。例如,当前的操作区域为"加工",操作方式为"手动"。

③程序路径和名称显示:显示当前正在执行的加工程序的程序路径和名称。

④程序执行状态和程序控制状态。

⑤轴当前位置显示:可以在机床坐标系(MCS)与工件坐标系(WCS)之间切换。

⑥T、F、S状态显示;T——刀具名称、类型、半/直径及长度;F——进给速度设定值及实际值、速度单位、进给倍率;S——主轴设定转速及实际转速、主轴当前状态、主轴速度倍率及负载百分比。

⑦工件坐标系显示:显示当前激活的工件坐标系代码及坐标系状态。

⑧多功能显示区:手动方式下显示人机对话操作界面;自动方式下显示正在运行的加工程序。

⑨水平功能软菜单。

⑩垂直功能软菜单。

(4)CNC全尺寸标准键盘

①标准字母和数字按键

这部分按键的布局与PC上的标准键盘一致,使用方法也相同。

②特殊功能按键

操作区域按键布局如图2-70所示,常用功能如下:

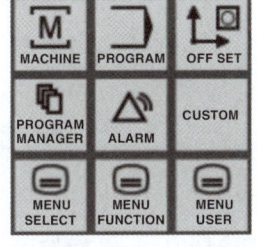

:加工区域按键,按下此键后屏幕显示与当前加工状态相关的所有信息。

:程序编辑区域按键,按下此键后屏幕显示程序编辑界面。

:参数区域按键,按下此键后可以查看刀具表和零偏表。

:程序管理器区域按键,按下此键后可显示程序存储目录及各项程序管理功能

:诊断区域按键,按下此键后可查看报警日志与系统版本。

图 2-70 操作区域按键布局

(5)机床操作面板

机床操作面板是直接控制机床运动的操作面板,图2-71所示是SINUMERIK 840D系统数控车床标准的机床操作面板布局。从左至右划分为6个区域:①急停按钮;②加工方式集中控制区;③自定义功能区;④轴选控制区;⑤主轴控制区;⑥进给控制区。

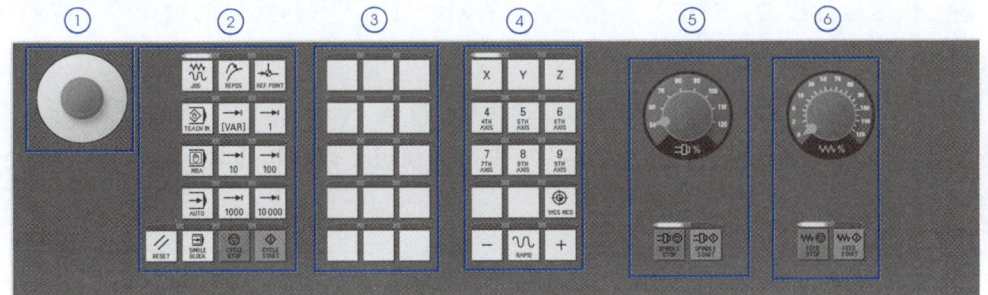

图 2-71 机床操作面板布局

① 急停按钮

红色醒目的蘑菇形大型按钮，遇到紧急情况时迅速沿垂直方向用力按下，所有机床动作立即停止。

② 加工方式集中控制区

[JOG]：手动方式切换按键。

[MDA]：手动数据输入按键。手动数据输入模式用于执行简短的加工程序。

[AUTO]：自动方式切换按键。

[SINGLE BLOCK]：单程序段执行方式按键。既可以在 MDA 方式下使用，也可以在 AUTO 方式下使用。一般用于程序测试阶段，便于跟踪程序运行的具体步骤。

[CYCLE START]：循环启动按键。用于 MDA 和 AUTO 方式下加工程序的启动及手动方式下各种人机交互模式操作的启动。

[CYCLE STOP]：进给保持按键。在程序运行过程中可以随时中断机床的运动，但是程序仍然保持运行的状态下按下 [CYCLE START] 键，可继续加工程序的运行。

[RESET]：程序复位按键。用于清除程序运行缓冲区的所有内容。在程序运行期间按下此键会导致程序完全终止。

[1]、[10]、[100]、[1000]、[10000]：点动距离选择按键。按下其中的按键后，当前被选择的机床轴可以运行按键上标识的距离，距离的单位是微米。例如，按下 [1] 键后，机床轴每次运动距离是 0.001 mm，而按下 [10000] 键后，机床轴每次运动距离为 10 mm。

③ 自定义功能区

机床厂商自行定义的控制功能，例如，手动刀具拉紧/放松，手动冷却液开/闭，机床照明开/关等，详见机床制造厂商的说明文档。

④ 轴选控制区

[X]、[Y]、[Z]：轴选择按键。每个按键都可以选中一个对应的机床轴。

[−]：负向运行按键。按下该键后被选中的机床轴以进给速度往负方向持续运动。

[+]：正向运行按键。按下该键后被选中的机床轴以进给速度往正方向持续运动。

[RAPID]：快速运行按键。在按下 [−] 或 [+] 键的同时按下 [RAPID] 键，选定的机床轴会按照最快速度运行。

机床轴的点动运行：按下点动距离选择按键，再按下 [−] 或 [+] 键，机床轴将进入点动运行模式，每按一次机床轴只运动选中的距离。如果想要恢复机床轴的连续运行模式，只需再按下 [JOG] 即可。

⑤ 主轴控制区

[SPINDLE START]：主轴使能打开按键。按下此键，上方的绿灯点亮，主轴才能正常旋转。

:主轴使能关闭按键。按下此键,主轴控制功能被关闭并停止转动。

:主轴倍率控制波段旋钮,可以在50%～120%之间调整主轴转速。

⑥进给控制区

:进给使能打开按键。按下此键,上方的绿灯点亮,进给轴才能正常运动。

:进给使能关闭按键。按下此键,进给轴控制功能被关闭并停止运动。

:进给速度倍率波段旋钮,可以在0～120%之间调整进给速度。

2. SINUMERIK 840D 系统相关操作

(1)刀具参数的相关操作

①刀具表

刀具表如图2-72所示。

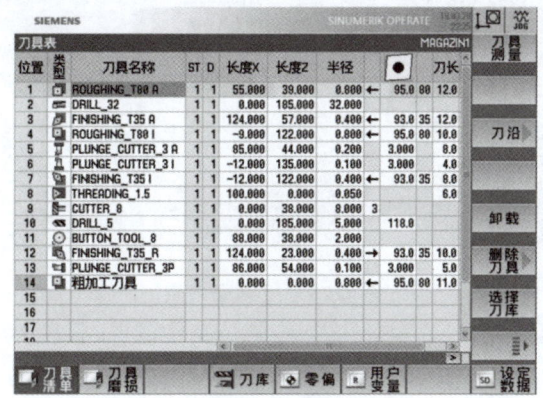

图 2-72 刀具表

● 刀具类型:以图标形式定义切削刀具的种类。最为常见的是各种类型的车刀,例如粗车刀、精车刀、车槽刀、螺纹车刀、纽扣车刀,对于一些带有动力刀座的车床,还可以配置立铣刀、钻头等铣削用刀具。这里不仅定义了加工刀具的类型,同时也区分了刀具的加工方向,例如车刀分为左手刀、右手刀、外圆刀、内孔刀,铣刀分为端面铣刀、外圆铣刀等。

● 刀具名称:在这里可以给加工刀具起个容易辨识的名字,但是每一把刀具的名称应该是唯一的。以往都是使用纯数字方式命名刀具,不便于识别。现在可以用个性化的西文字符命名刀具,甚至还可以使用中文字符作为刀具名称,整个刀表一目了然。

● 长度X:刀具在X轴方向的补偿值。

● 长度Z:刀具在Z轴方向的补偿值。

● 刀具半径:对于车刀来说,这里的半径是指刀尖圆弧的半径。

● 刀具车削方向:由于车刀有左手刀、右手刀之分,所以刀具的车削方向一定要与刀具的类型相符。

● 车刀主偏角:这里填写的车刀主偏角一定要与实际刀具相符合,系统将会根据此数据以及后面的刀尖角数据,自动计算车刀的副偏角。系统根据正确的副偏角数据可以在车削循环中自动避免刀具干涉。

● 车刀刀尖角:这里填写的车刀刀尖角一定要与实际刀具相符合,系统将会根据此数据以及前面的主偏角数据,自动计算车刀的副偏角。系统根据正确的副偏角数据可以在车削循环中自动避免刀具干涉。

● 刀长:这里存储的是刀具切削刃的最大长度

② 刀具磨损表

刀具磨损表如图 2-73 所示。

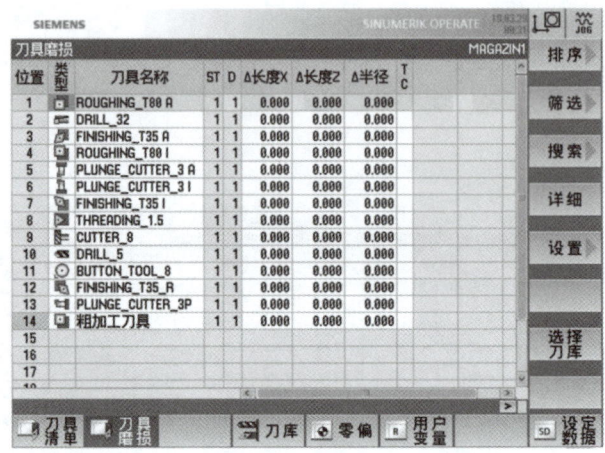

图 2-73 刀具磨损表

刀具磨损表可以看成是刀具表的一个补充。其中的"Δ 长度 X"、"Δ 长度 Z"和"Δ 半径"都是增量值。因为刀具无论是长度还是半径的磨损都会导致刀具的长度和半径变小,所以这些磨损量的正常数值都应该是负数。

> **特别提示**:刀具最终的长度补偿值=刀具长度+Δ 长度;刀具最终的半径补偿值=刀具半径+Δ 半径。

③ 对刀具表进行的基本操作

● 进入刀具表界面

如图 2-74 所示,先按"OFFSET"键,再按"刀具清单"键,进入刀具表界面。

● 建立新刀具

a. 将光标移动到刀具表中的空行上,屏幕右侧的功能菜单中才会出现【新建刀具】软键,如图 2-75 所示。

b. 从刀具类型优选表中选择适合的车刀类型,同时在"刀具位置"栏中选择正确的刀尖朝向,并按下屏幕右下方的【确认】软键,如图 2-76 所示。

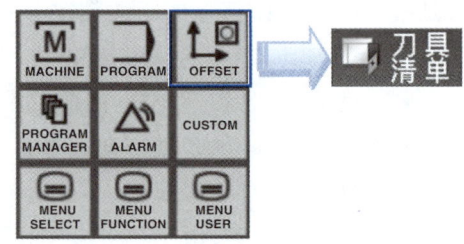

图 2-74 按下"刀具清单"键进入刀具表界面

c. 填写刀具表中的刀具名称、刀尖圆弧半径、车削方向、主偏角、刀尖角、切削刃最大长度等相关参数,如图 2-77 所示。

模块2 数控车削编程与加工

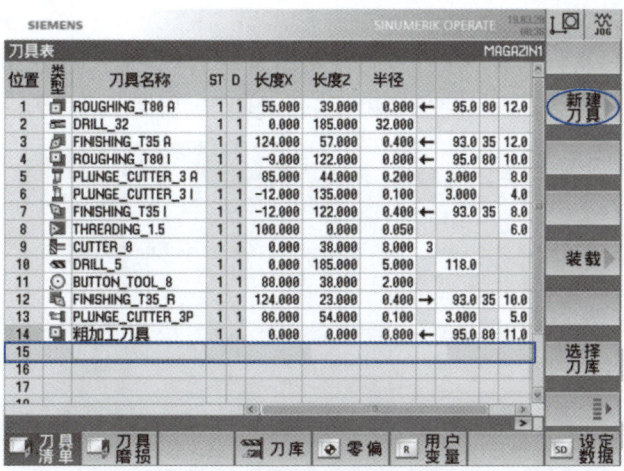

图 2-75 建立新刀具界面

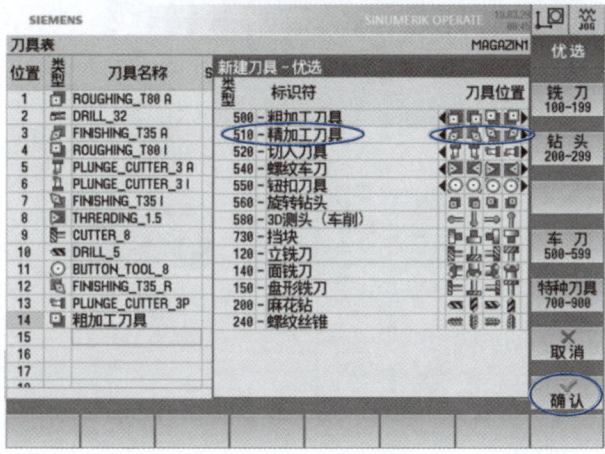

图 2-76 选择刀具界面

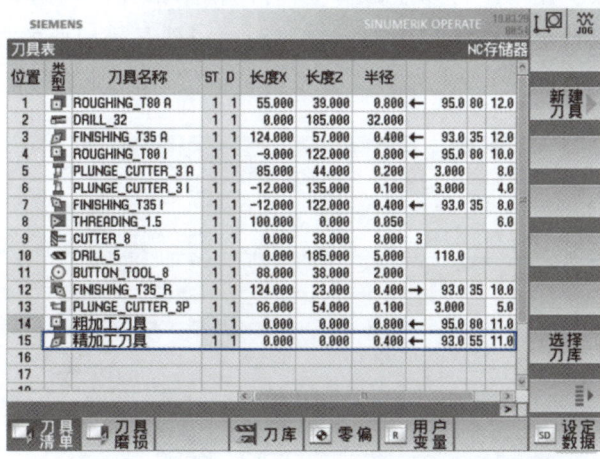

图 2-77 填写刀具参数界面

- 删除表中的刀具

将光标移动至不再需要使用的刀具行,按下屏幕右侧的【删除刀具】软键,并在接下来弹出的提示删除刀具的窗口中再按下【确认】软键即可,如图 2-78 所示。

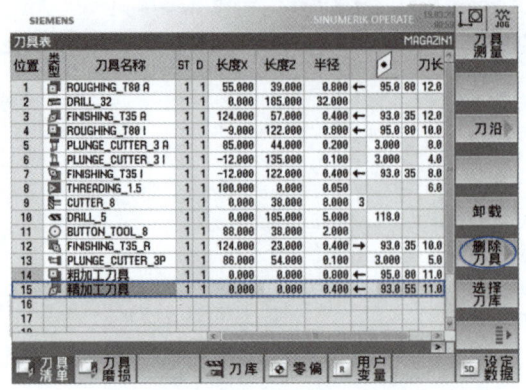

图 2-78　删除刀具界面

(2)车床的工件零点偏移表

先按"OFFSET"键,再按"零偏"键,进入零偏(零点偏移简称)界面,如图 2-79 所示。

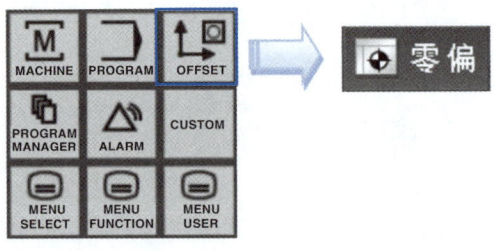

图 2-79　进入零偏设置界面

在车床上一般很少用到工件零点偏移,所有的偏移都补偿在刀具的偏移量里面。但是,毛坯的长度变更后,更改工件零偏的 Z 向补偿值仍然是最简便的方法。

显示所有工件原点的代号、粗零偏值以及精零偏值,如图 2-80 所示。

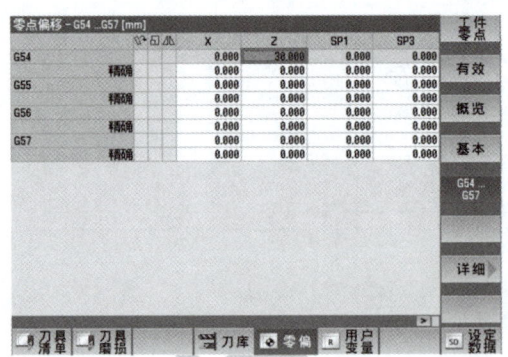

图 2-80　零偏设置界面

特别提示：使用工件零点偏移时，只需要为 Z 轴设置补偿值即可，X 轴方向无须设置。

(3) 手动方式的基本操作

按下系统操作面板上的 ![M] 键，再按下机床操作面板上的 ![JOG] 键，进入手动操作方式。

(4) 刀具更换

① 按下【T,S,M】软键，进入手动控制的人机交互界面，如图 2-81 所示。

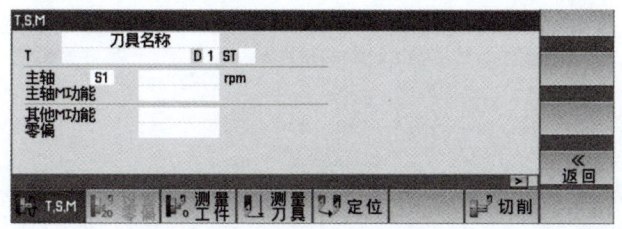

图 2-81　手动控制的人机交互界面

② 将光标定位在"T"行，然后按下屏幕右上方的【选择刀具】软键，如图 2-82 所示。

③ 用上、下光标键选中被更换刀具，再按下屏幕右下方的【确认】软键，如图 2-83 所示。

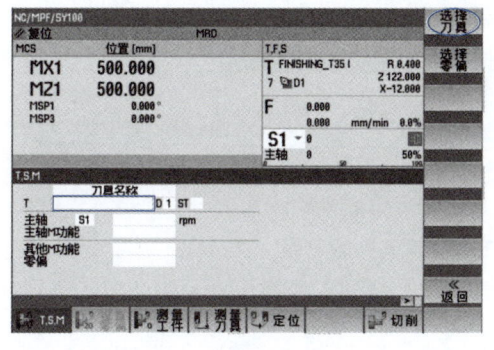

图 2-82　选择刀具界面　　　　　　图 2-83　确认选择刀具界面

④ 被选中刀具的名称自动填入手动控制的人机交互界面中的"T"后面，如图 2-84 所示。

⑤ 按下机床操作面板上的 ![CYCLE START] 键，机床将自动完成刀具交换的全部过程。

(5) 启动主轴

首先，在手动控制的人机交互界面中的"主轴"后面填写主轴的旋转速度；接着将光标移动到"主轴 M 功能"行，按下系统操作面板上十字光标键中间的 ![SELECT] 键，并用上、下光标键选中主轴的旋转方式（正向旋转）；然后按下机床操作面板上的 ![CYCLE START] 键，主轴即可按照指定方式进行旋转，如图 2-85 所示。

 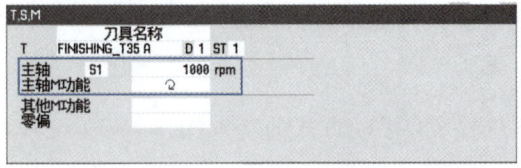

图 2-84　刀具选择完毕界面　　　　　图 2-85　主轴转速设置界面

(6) 激活 M 代码

将光标置于"其他 M 功能"行,在后面直接填写需要激活的 M 代码中的数字,例如,想要执行冷却液打开指令 M8,直接在这里填写数字 8,然后按下机床操作面板上的 ![] 键,如图 2-86 所示。

(7) 激活工件零偏

将光标置于"零偏"行,按下系统操作面板上的 ![] 键,再按下机床操作面板上的 ![] 键,如图 2-87 所示。

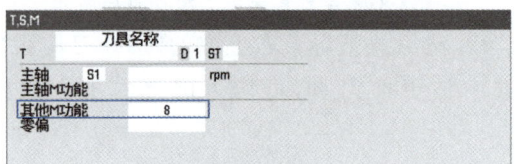

图 2-86　激活 M 代码界面

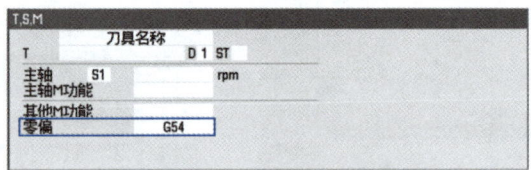

图 2-87　激活工件零偏界面

(8) 测量刀具

这个功能主要用于测量车刀在 X 方向和 Z 方向上的长度补偿值,在测量刀具之前必须先将待测量刀具更换到主轴上。

① 按下【测量刀具】软键,再按下屏幕右上方的【手动】软键,如图 2-88 所示。

② 按下屏幕右侧的【X】软键,手动操作车刀在工件外圆上车出一小段直台。先按下 ![] 键,待车床主轴停稳后再用卡尺测量直台的外径。将测量值填写在人机交互界面中的"X0"的后面,最后按下【设置长度】软键。控制系统会自动测量出 X 方向的刀具补偿值,并将其自动写入刀具表中,如图 2-89 所示。

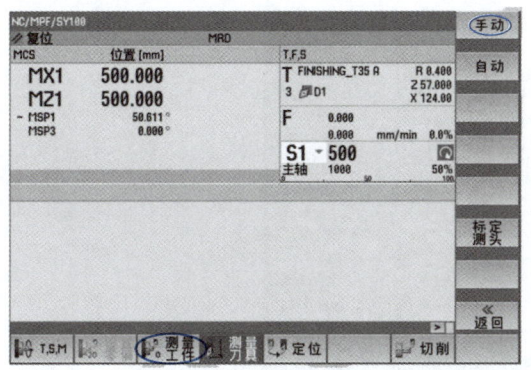
图 2-88 测量刀具界面

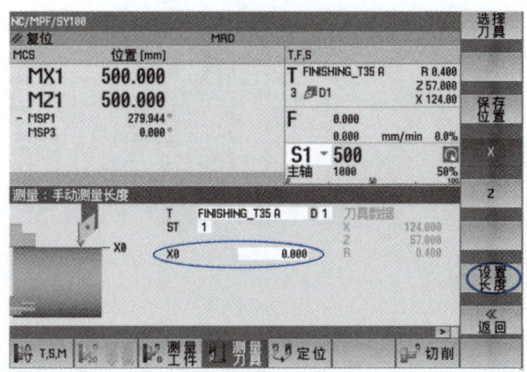
图 2-89 X 轴对刀界面

接着,按下屏幕右侧的【Z】软键,进入 Z 轴刀具补偿测量界面,如图 2-90 所示。

"参考点"通常都选择为"工件边沿",用车刀在端面上车出一个平整的表面,"Z0"的后面通常填写为"0",按下【设置长度】软键,测量后的 Z 向车刀长度值会自动送入刀具表。

(9)测量工件

按下屏幕下方的【测量工件】软键,选择需要被设置的零偏代码,例如 G54。

将车刀轻轻接触工件端面,"Z0"处填写为"0",然后按下屏幕右侧的【设置零偏】软键,G54 的 Z 向零点坐标自动计算完毕,并自动输入零偏表中 G54 的"Z"项中,如图 2-91 所示。注意 X 方向的零偏不需要设置。

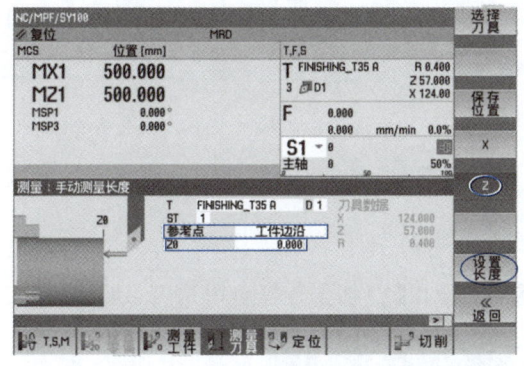
图 2-90 Z 轴刀具补偿测量界面

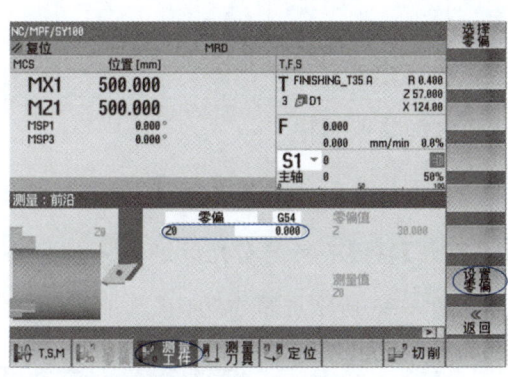
图 2-91 测量工件界面

3. 程序编辑的基本操作

(1)新建程序

按下机床操作面板上的 键,随后按下屏幕右边的【新建】软键,如图 2-92(a)所示。

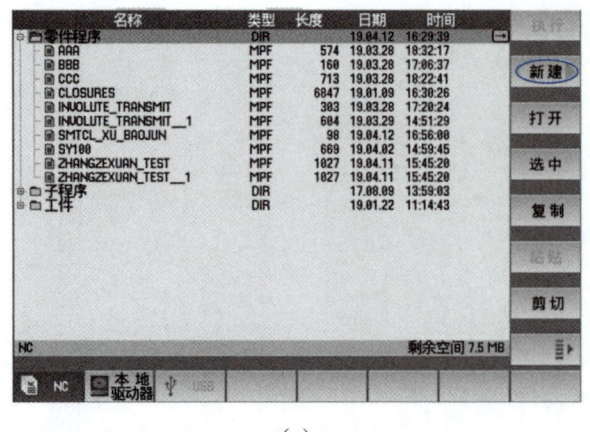

(a)

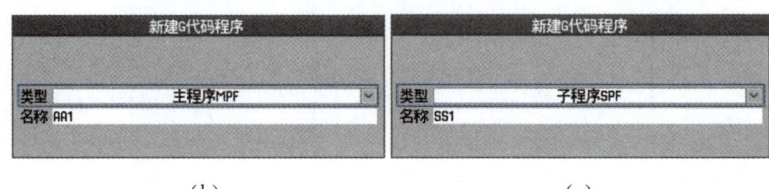

(b)　　　　　　　　　　　　　(c)

图 2-92　新建程序界面

系统弹出一个对话窗口,在该窗口中首先选择新建程序的类型:主程序或是子程序,如图 2-92(b)或图 2-92(c)所示。接着,在"名称"后面填入新建程序文件的名字。程序名称可以由字母和数字构成,最多 32 个字符。前两个字符必须是字母,例如,TEST、AA1、SS1 等,不要全部以数字命名。最后,按下屏幕右边最下方的【确认】软键,即可在打开的空白窗口中编写程序代码。

(2)修改程序

按下机床操作面板上的 键,随后按上、下光标键 、 找到需要修改的程序,再按下【打开】软键或者向右光标键 ,即可将该程序打开。

图 2-93 所示屏幕右边的【选中】、【复制】、【粘贴】和【剪切】软键的用法与 PC 机上文字编辑软键的用法基本相同。

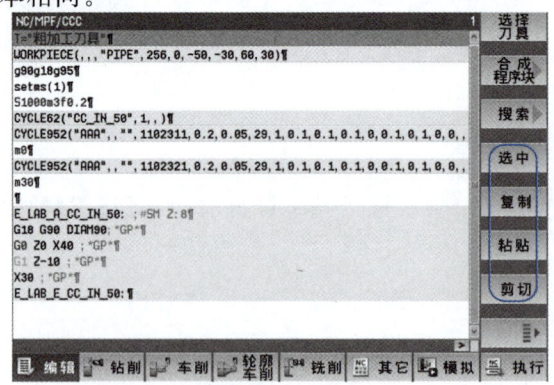

图 2-93　选中、复制、粘贴、剪切界面

【选中】：按下此软键后再按下光标键，可以选中连续的字符或者连续的程序段。
【复制】：按下此软键后被选中的内容被自动复制。
【粘贴】：按下此软键后可在当前光标处自动粘贴被复制的内容。
【剪切】：按下此软键后被选中的内容被自动剪切掉，如果再按下【粘贴】软键，被剪切的内容又可以恢复到当前光标位置。

> **注意**
>
> 在程序编辑中没有【删除】软键，删除功能由【剪切】软键功能代替，这是为了防止误删程序。

(3)执行程序

加工程序修改完毕，按下图2-93所示屏幕右下方的【执行】软键，系统自动转入程序自动执行方式。此时，只需按下机床操作面板上的键，即可执行程序。

综合案例

用FANUC 0i-TF PLUS系统完成图2-94所示配合件的数控编程与加工。

1. 工艺分析

如图2-94所示，需加工配合件一及配合件二，材料均为45钢，毛坯为 $\phi 50$ mm×90 mm和 $\phi 50$ mm×45 mm，零件的未注公差按GB/T 1804—2000处理。两件配合要求圆锥配合时，接触面积不小于65%；螺纹配合时，要求旋入灵活。分析零件的加工工艺，编制加工程序并在数控车床上完成加工。

(1)结构尺寸分析

如图2-94(a)所示，配合件一是由 $\phi 48$ mm、$\phi 36$ mm外圆、M24×1.5—6g外螺纹构成的阶梯轴；配合接触面是锥度为1∶10、大端为 $\phi 35$ mm、长度为20 mm的圆锥面及M24螺纹旋合。细节处还有R15 mm外圆弧面、5 mm×2 mm退刀槽及C1 mm、C1.5 mm倒角和R1 mm倒圆。本工件中尺寸精度要求较高的尺寸主要有：外圆 $\phi 48_{-0.021}^{0}$ mm、$\phi 36_{-0.021}^{0}$ mm，长度85±0.05 mm、40±0.02 mm，另外螺纹中径尺寸也有精度要求。

配合件二是由 $\phi 48$ mm、锥度为1∶10、大端为 $\phi 35$ mm、长度为20 mm的圆锥面；M24×1.5内螺纹及 $\phi 36$ mm内圆构成的轴套；配合接触面是圆锥面以及M24螺纹旋合。细节处还有C1 mm倒角、R1 mm倒圆。本工件中尺寸精度要求较高的尺寸主要有：外圆 $\phi 48_{-0.021}^{0}$ mm，外圆锥面大端尺寸 $\phi 35_{-0.1}^{0}$ mm，内孔 $\phi 36_{0}^{+0.03}$ mm，长度40±0.02 mm以及螺纹中径尺寸。

对于上述尺寸精度要求,主要通过加工过程中的准确对刀、正确设置刀补及磨耗以及正确制定合适的加工工艺等措施来保证。

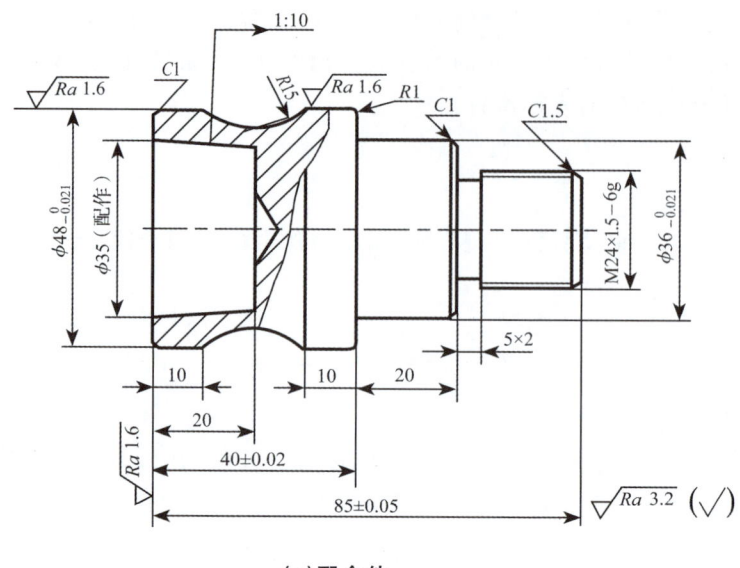

(a)配合件一

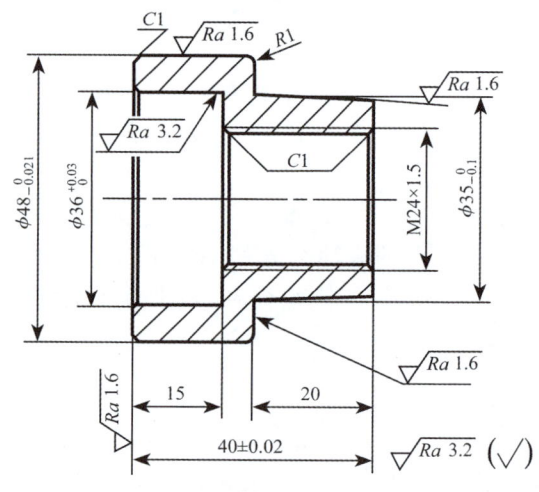

(b)配合件二

图 2-94　配合件

(2)配合精度及粗糙度分析

两个工件之间可以构成两种配合,如图 2-95 所示。

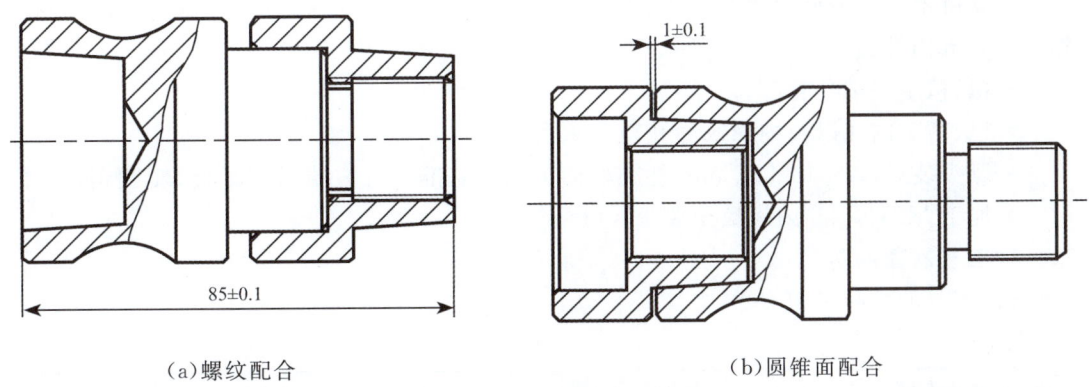

(a)螺纹配合　　　　　　　　(b)圆锥面配合

图 2-95　两种配合方式

这两种配合分别是螺纹配合及圆锥面配合,形成 80 ± 0.1 mm 的总装配长度及 1 ± 0.1 mm 的配合间隙;圆锥面配合的接触面积不小于 65%。

其中配合件一 $\phi48$ mm 外圆及其左端面,配合件二 $\phi48$ mm 外圆及其左、右端面、圆锥面的表面粗糙度要求为 $Ra\ 1.6\ \mu m$,内孔及其他面的表面粗糙度要求为 $Ra\ 3.2\ \mu m$。对于表面粗糙度的要求主要通过选用合适的刀具及其几何参数,正确的粗、精加工路线,合理的切削用量及冷却等措施来保证。

2. 装夹与定位

(1) 装夹

加工配合件一,先夹持毛坯加工右端。加工配合件一的左端以 $\phi36_{-0.021}^{0}$ mm 的外圆作为定位基准面。加工配合件二,先夹持毛坯加工左端。加工配合件一的右端,夹持配合件二的左端外圆 $\phi48_{-0.021}^{0}$ mm 加工右端圆锥面。

(2) 定位

工件零点:配合件一及配合件二的工件零点分别取在加工完成后工件的左、右端面与主轴轴线相交的交点上。

换刀点:为防止刀具与工件或尾座碰撞,换刀点设置在 $(X100,Z100)$ 的位置上。

起刀点:采用循环代码编码加工左端外轮廓时循环起点设在 $(X52,Z2)$,内轮廓循环起点设在 $(X20,Z2)$。

工艺路线确定

①配合件一工艺路线

● 夹持配合件一毛坯,粗、精车右端外圆柱面 $\phi36_{-0.021}^{0}$ mm、外螺纹顶径、$R1$ mm 圆角、$C1$ mm、$C1.5$ mm 倒角及 5 mm$\times$$2$ mm 的螺纹退刀槽至尺寸要求。

● 加工 $M24\times1.5-6g$ 外螺纹至要求尺寸。

● 调头装夹,以 $\phi36_{-0.021}^{0}$ mm 外圆柱面为定位基准,打中心孔,钻 $\phi19$ mm 内孔。

● 精车内圆锥面孔至要求尺寸。

● 精加工左端面 $\phi48$ mm 外圆柱面、$C1$ 倒角及 $R15$ mm 外圆弧面至要求尺寸。

②配合件二工艺路线

- 夹持零件二毛坯,平端面,粗、精车左端 $\phi 48_{-0.021}^{0}$ mm 外圆以及 C1 倒角,打中心孔,钻 $\phi 19$ mm 内孔。
- 粗、精车左端外轮廓。
- 粗、精车内孔以及内螺纹底孔至要求尺寸。
- 调头装夹,以 $\phi 48_{-0.021}^{0}$ mm 外圆柱面为定位基准加工右端圆锥面及 R1 圆角。
- 加工 M24×1.5 内螺纹至要求尺寸。

3. 工艺规程的制定

(1) 刀具的选择见表 2-9。

表 2-9　　　　　　　　　　刀具卡

产品名称或代号				零件名称		零件图号	
序号	刀具号	刀具规格	数量	加工表面	刀具直径/mm	备注
1		麻花钻	1	钻孔	$\phi 19$	
2		中心钻	1	钻中心孔	$\phi 3A$	
3	T01	93°外圆车刀	1	平端面,粗、精车内外轮廓	0.2	
4	T02	切槽刀	1	切槽、切断	B=4	左刀尖
5	T03	外螺纹刀	1	车外螺纹		
6	T04	内孔车刀	1	扩内孔	$\phi 16$	
7	T05	内螺纹刀	1	车内螺纹		

(2) 配合件一切削用量的选择见表 2-10。

表 2-10　　　　　　　　　　配合件一工艺卡

工序号	工序内容	夹具名称	三爪卡盘		使用设备		
		切削用量			刀具		
		主轴转速 $n/$ $(r \cdot min^{-1})$	进给速度 $f/$ $(mm \cdot r^{-1})$	背吃刀量 a_p/mm	编号	名称
1	平端面,车 $\phi 49$ mm×25 mm	600			T0101	93°外圆车刀
2	调头装夹,平端面	800			T0101	93°外圆车刀
3	粗车右端外轮廓留余量 0.5 mm	800	0.5	1	T0101	93°外圆车刀
4	精车右端外轮廓	1 200	0.1	0.25	T0101	93°外圆车刀
5	车螺纹退刀槽	600	0.1	2	T0202	切槽刀
6	车螺纹	800		分层	T0303	外螺纹刀
7	调头装夹,平端面保总长	600			T0101	93°外圆车刀
8	钻中心孔	600				中心钻
9	钻底孔	400				麻花钻
10	粗车左端外轮廓留余量 0.5 mm	800	0.5	1	T0101	93°外圆车刀
11	精车左端外轮廓	1 200	0.1	0.25	T0101	93°外圆车刀
12	粗车左端内轮廓留余量 0.5 mm	800	0.5	1	T0404	内孔车刀
13	精车左端内轮廓	1 200	0.1	0.25	T0404	内孔车刀

(3)配合件二切削用量的选择见表 2-11。

表 2-11 配合件二工艺卡

工序号	工序内容	夹具名称			使用设备	
		三爪卡盘				
		切削用量			刀具	
		主轴转速 n/ ($r \cdot min^{-1}$)	进给速度 f/ ($mm \cdot r^{-1}$)	背吃刀量 a_p/mm	编号	名称
1	平端面,车 $\phi49$ mm×25 mm 外圆	600			T0101	93°外圆车刀
2	调头装夹,平端面	800			T0101	93°外圆车刀
3	钻中心孔	600				中心钻
4	钻通孔	400				麻花钻
5	粗车左端外轮廓留余量 0.5mm	800	0.5	1	T0101	93°外圆车刀
6	精车左端外轮廓	1200	0.1	0.25	T0101	93°外圆车刀
7	粗车内轮廓留余量 0.5mm	800	0.5	1	T0404	内孔车刀
8	精车内轮廓	1 200	0.1	0.25	T0404	内孔车刀
9	调头装夹,平端面保总长	800	0.5	1	T0101	93°外圆车刀
10	粗车右端外圆锥面,留余量 0.5 mm	800	0.5	1	T0101	93°外圆车刀
11	精车右端外轮廓	1 200	0.1	0.25	T0101	93°外圆车刀
12	车内螺纹	600		分层	T0505	内螺纹刀

4. 数控程序的编制

(1)配合件一 FANUC 0i-TF PLUS 系统编程序见表 2-12、表 2-13。

表 2-12 配合件一右端加工程序

程 序	说 明
O0010;	程序名
T0101 M03 S800 M08;	选 1 号刀,主轴转速 800 r/min,切削液开
G00 X52 Z2;	快速定位至循环起点
G71 U1 R0.5;	外圆粗车循环
G71 P01 Q02 U0.5 W0 F0.5;	
N01 G00 X16.85;	循环加工起始程序段号
G01 X23.85 Z−1.5 F0.1;	倒角
Z−25;	Z 负方向切削至−25 mm 位置
X34;	加工台阶端面
X36 W−1;	倒角
Z−45;	Z 负方向切削至−45 mm 位置
X46;	加工台阶端面
G03 X48 W−1 R1;	倒圆弧角 R1 mm
N02 G01 X52;	循环加工结束段
S1200;	精加工转速 1 200 r/min

续表

程　　序	说　　明
G00 G42 X52 Z2；	精加工循环起点加刀具补偿
G70 P01 Q02；	精加工循环
G00 G40 X100 Z100；	退至安全换刀点
T0202 S600；	换切槽刀，转速 600 r/min
G00 X38 Z−25；	快速移动至切槽起点
G01 X20 F0.1；	第一次切槽
G00 X38；	切槽后快速退刀
W1；	向 Z 轴正向移动 1 mm
G01 X20 F0.1；	第二次切槽
G00 X38；	切槽后快速退刀
X100 Z100；	快速退刀至换刀点
T0303 S800；	换外螺纹刀
G00 X24 Z2；	快速移动至切削循环起点
G92 X23.05 Z−22 F1.5；	螺纹切削循环
X22.45；	
X22.25；	
X22.05；	
G00 X100 Z100；	快速退刀至换刀点
M09；	切削液关
M05；	主轴停
M30；	程序结束

表 2-13　　　　　　　　　　配合件一左端加工参考程序

程　　序	说　　明
O0020；	程序名
T0101 M03 S800 M08；	选 1 号刀，主轴转速 800 r/min，切削液开
G00 X52 Z2；	快速定位至循环起点
G73 U5 W0 R5；	外圆粗车循环
G73 P01 Q02 U0.5 W0 F0.5；	
N01 G00 X42；	循环加工起始程序段号
G01 X48 Z−1 F0.1；	倒角
Z−10；	Z 负方向切削至−10 mm 位置
G02 X48 Z−30 R15；	加工 R15 圆弧面
G01 Z−40；	Z 负方向切削至−40 mm 位置
N02 G01 X52；	循环加工结束段
S1200；	精加工转速 1 200 r/min
G00 G42 X50；	

续表

程 序	说 明
G70 P01 Q02;	精加工循环
G00 X100 Z100;	退至安全换刀点
T0404 S800;	换内孔车刀,转速 800 r/min
G00 X18 Z2;	快速移动至切槽起点
G71 U1 R0.5;	内孔粗车循环
G71 P03 Q04 U−0.5 W0 F0.5;	
N03 G00 X35.2;	内孔循环起始程序段锥面延长线
G01 X33 Z−20 F0.1;	切削圆锥面
N04 X10;	内孔循环结束程序段
S1200;	精加工转速 1 200 r/min
G00 X41 X18;	
G70 P03 Q04;	内孔精车循环
G00 Z100;	Z 向快速退刀
X100;	X 向快速退刀
M09;	切削液关
M05;	主轴停
M30;	程序结束

(2)配合件二参考程序见表 2-14、表 2-15。

表 2-14　　　　　　　　配合件二左端加工参考程序

程 序	说 明
O0030;	程序名
T0101 M03 S800 M08;	选 1 号刀,主轴转速 800 r/min,切削液开
G00 X52 Z2;	快速定位至循环起点
G71 U1 R0.5;	外圆粗车循环
G71 P01 Q02 U0.5 W0 F0.5;	
N01 G00 X42;	循环加工起始程序段号
G01 X48 Z−1 F0.1;	倒角
Z−22;	Z 负方向切削至−22 mm 位置
N02 G01 X52;	循环加工结束段
S1200;	精加工转速 1 200 r/min
G00 G42 X50;	
G70 P01 Q02;	精加工循环
G00 X100 Z100;	退至安全换刀点
T0404 S800;	换内孔车刀,转速 800 r/min

续表

程 序	说 明
G00 X18 Z2;	快速移动至切槽起点
G71 U1 R0.5;	内孔粗车循环
G71 P03 Q04 U−0.5 W0 F0.5;	
N03 G00 X40;	内孔循环起始程序段
G01 X36 Z−1 F0.1;	倒角
Z−15;	Z 负方向切削至−15 mm 位置
X23.5;	
X22.5 Z−16;	车内孔倒角
Z−40.5;	
N04 G00 X18;	内孔循环结束程序段
S1200;	精加工转速 1 200 r/min
G00 G41 X18;	
G70 P03 Q04;	内孔精车循环
G00 Z100;	Z 向快速退刀
X100;	X 向快速退刀
M09;	切削液关
M05;	主轴停
M30;	程序结束

表 2-15　　　　　配合件二右端加工参考程序

程 序	说 明
O0040;	程序名
T0101 M03 S800 M08;	选 1 号刀,主轴转速 800 r/min,切削液开
G71 U1 R5;	外圆粗车循环
G71 P01 Q02 U0.5 W0 F0.5;	
N01 G00 X33;	循环加工起始程序段号
G01 Z0 F0.1;	
G01 X35 Z−20;	
X46;	
G03 X48 W−1 R1;	倒圆角
N02 G00 X52;	循环加工结束段
S1200;	精加工转速 1 200 r/min
G00 G42 X50;	
G70 P01 Q02;	精加工循环
G00 G40 X100 Z100;	退至安全换刀点,取消刀补
T0404 S800;	

续表

程　　序	说　　明
X26.5 Z1;	
G01 X22.5 Z−1;	车内孔倒角
G00 Z100;	
X100;	
T0505 S600;	换内螺纹刀,转速 600 r/min
G00 X22.5 Z2;	快速移动至内螺纹切削循环起点
G92 X23.1 Z−27 F1.5;	内螺纹切削循环
X23.5;	
X23.7;	
X23.85;	
G00 Z100;	Z 向快速退刀
X100;	X 向快速退刀
M09;	切削液关
M05;	主轴停
M30;	程序结束

5. 工件的检测评价

检测评价应包括程序评分、工艺评分、安全文明生产评分、质量检测评分(表 2-16)以及教师与学生评价。

表 2-16　　　　　　　　　本工件质量检测评分表

工件质量检测评分表(40 分)						
项目与配分	序号	技术要求/mm	配分	评分标准	检测结果	得分
外圆	1	两处 $\phi 48_{-0.021}^{0}$	2	超差 0.01 mm 扣 1 分		
	2	$\phi 36_{-0.021}^{0}$	2	超差 0.01 mm 扣 1 分		
	3	$\phi 35_{-0.1}^{0}$	2	超差 0.01 mm 扣 1 分		
内孔	4	$\phi 36_{0}^{+0.03}$	2	超差 0.01 mm 扣 1 分		
长度	5	85±0.05	2	超差 0.01 mm 扣 1 分		
	6	两处 40±0.02	4	超差 0.01 mm 扣 1 分		
圆弧	7	R15	2	超差无分		
螺纹	8	M24×1.5−6g	2	超差无分；降级无分		
	9	M24×1.5	2	超差无分；降级无分		
粗糙度	10	八处 Ra 1.6 μm	2	每处不合格无分		
	11	其余 Ra 3.2 μm	2	每处不合格无分		

工件质量检测评分表(40分)

续表

项目与配分	序号	技术要求/mm	配分	评分标准	检测结果	得分
倒角	12	五处 C1； 一处 C1.5； 两处 R1	8	每处不合格无分		
配合	13	螺纹配合	2	不合格无分		
	14	圆锥面接触不小于 65%	2	不合格无分		
	15	85±0.1	2	超差 0.01 mm 扣 1 分		
	16	1±0.1	2	超差 0.01 mm 扣 1 分		
总分						

综合练习

用 SINUMERIK 840D 系统完成图 2-96、图 2-97 所示配合件的数控编程加工。

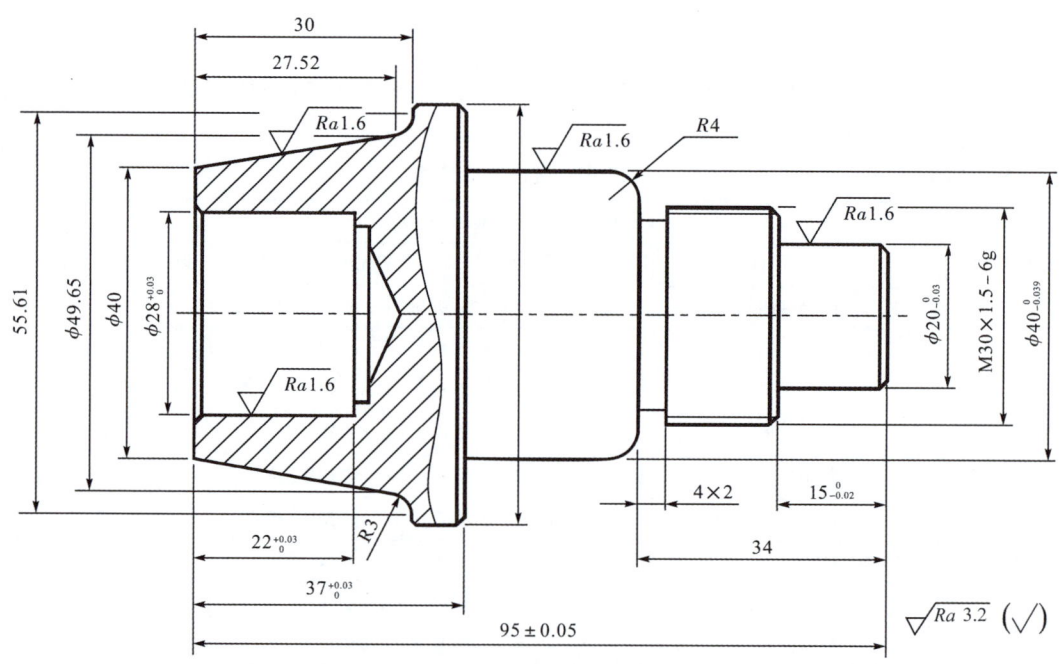

图 2-96 配合件一

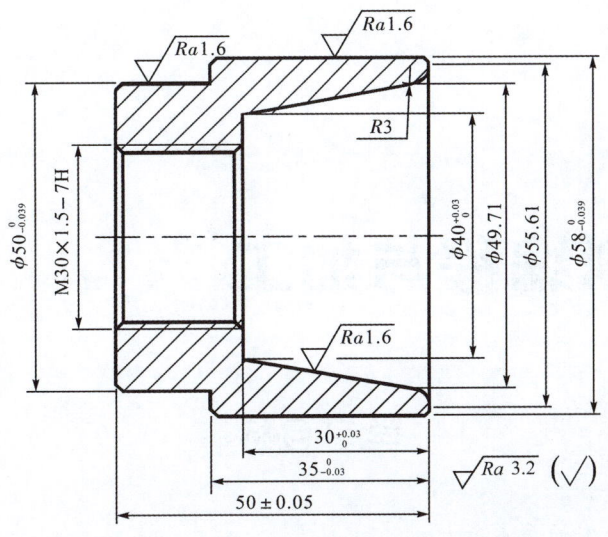

图 2-97 配合件二

模块 3
数控铣削编程与加工

学习目标

1. 了解数控铣削的基本知识。
2. 掌握常用铣削编程指令的应用。
3. 掌握铣削刀具半径补偿功能。
4. 能够完成铣削零部件的数控编程加工。
5. 激发学生的学习兴趣,充分调动学生的主观能动性,培养自信心和职业精神。

素养提升

3.1 数控铣削简介

数控铣床是一类很重要的数控机床,在数控机床中所占的比例最大,在航空航天、汽车制造、一般机械加工和模具制造业中应用非常广泛。数控铣床至少有三个控制轴,即 X、Y、Z 轴,可同时控制其中任意两个坐标轴联动,也能控制三个甚至更多个坐标轴联动,主要用于各类较复杂的平面、曲面和壳体类零件的加工。因此,其编程方法与车床不尽相同。不同的数控铣床,不同的数控系统,其编程原理基本上是相同的,但所用指令有不同之处。

一、数控铣床的分类及加工对象

1. 立式数控铣床

立式数控铣床如图 3-1(a) 所示。它一般适宜盘、套、板类零件,一次装夹后,可对上表面进行钻、扩、镗、铣、锪、攻螺纹等工序加工以及侧面的轮廓加工。

2. 卧式数控铣床

卧式数控铣床如图 3-1(b)所示。它一般都带有回转工作台,一次装夹后可完成除安装面和顶面以外的其余四个面的各种工序加工,因此适宜箱体类零件的加工。

3. 龙门式数控铣床

龙门式数控铣床如图 3-1(c)所示。它属于大型数控机床,主要用于大型或形状复杂的零件的各种平面、曲面和孔的加工。

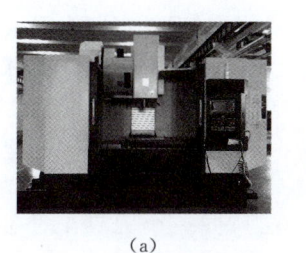  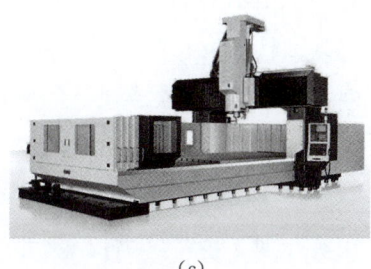

(a)　　　　　　　　　　(b)　　　　　　　　　　(c)

图 3-1　立式数控铣床

二、数控铣削加工特点

(1)对零件加工的适应性强、灵活性好,能加工轮廓形状特别复杂或难以控制尺寸的零件,如模具类、壳体类零件等。

(2)能加工普通机床无法(或很难)加工的零件,如用数学模型描述的复杂曲线类零件以及三维空间曲面类零件。

(3)能加工一次装夹定位后,需进行多道工序加工的零件。如可对零件进行钻、扩、镗、铰、攻螺纹、铣端面、挖槽等多道工序的加工。

(4)加工精度高,加工质量稳定可靠。

(5)生产自动化程度高,生产效率高。

(6)从切削原理上讲,端铣和周铣都属于断续切削方式,不像车削那样连续切削,因此对刀具的要求较高,具有良好的抗冲击性、韧性和耐磨性。在干式切削状况下,还要求具有良好的红硬性。

三、数控铣削编程要点及应注意的问题

1. 数控铣削编程要点

(1)数控系统功能及机床规格。

(2)熟悉加工顺序。

(3)合理选择刀具、夹具及切削用量、切削液。

(4)编程尽量使用子程序及宏程序。

数控铣削编程基础

(5)程序零点要选择在易计算的确定位置。

(6)换刀点选择在无换刀干涉的位置。

2. 数控铣削编程时应注意的问题

(1)铣刀的刀位点

铣刀的刀位点是指在加工程序编制中,用以表示铣刀特征的点,也是对刀和加工的基准点。

对于不同类型的铣刀,其刀位点的确定也不相同。盘铣刀的刀位点为刀具对称中心平面与其圆柱面上切削刃的交点;立铣刀的刀位点为刀具底平面与刀具轴线的交点;球头铣刀的刀位点为球心。因此,在编程之前,必须选择好铣刀的种类,并确定其刀位点;最终确定对刀点。

(2)零件尺寸公差对编程的影响

在实际加工中,零件各处尺寸的公差带不同,若用同一把铣刀、同一个刀具半径补偿值,按公称尺寸编程加工,就很难保证各处尺寸在其公差范围之内,对此,可用下述方法来解决。

①图示标注尺寸改为公差中值尺寸。将图中所有非对称公差带的标注尺寸均改为中值尺寸,并以此为依据编程,就可以保证零件加工后的尺寸精度要求。

②改变封闭尺寸的标注方法。如图 3-2 所示的封闭标注尺寸,作为尺寸标注方法虽然不妥,但能反映出设计者对零件空间距离的严格要求。为了保证零件加工后的孔间距符合设计意图并便于编程,必须对该封闭尺寸通过尺寸链计算的方法,对原孔距尺寸进行适当调整,不能简单地取其公差中值尺寸(图中各公称尺寸),也不能通过随意删除某些标注尺寸而试图达到解除尺寸封闭的目的。

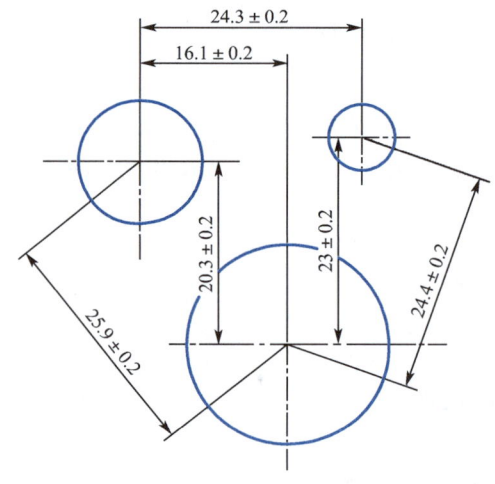

图 3-2 封闭尺寸编程

(3)安全高度

对于铣削加工,起刀点和退刀点必须离开加工零件上表面一个安全高度,保证刀具在停止状态时,不与加工零件和夹具发生碰撞。在安全高度位置时刀具中心(或刀尖)所在的平面称为安全平面。

(4)进刀/退刀方式

对于铣削加工,刀具切入工件的方式不仅影响加工质量,同时直接关系到加工的安全。对于二维轮廓加工,一般要求从侧向进刀或沿切线方向进刀,尽量避免垂直进刀。退刀时也应从侧向或切向退刀。刀具从安全高度下降到切削高度时,应离开工件毛坯边缘一个距离,不能直接贴着加工零件理论轮廓直接下刀,以免发生危险。下刀运动过程不要用快速(G00)运动,而要用直线插补(G01)运动。

对于型腔的粗铣加工,一般应先钻一个工艺孔至型腔底面(留一定精加工余量)并扩孔,以便所使用的立铣刀能从工艺孔进刀进行型腔粗加工。型腔粗加工方式一般为从中心向四周扩槽。

(5)刀具半径补偿

二维轮廓加工一般均采用刀具半径补偿。在刀具半径补偿有效之前,刀具应远离零件轮廓适当的距离,且应与选定好的切入点和进刀方式协调,保证刀具半径补偿的有效。

(6)加工路线的确定

在确定了数控加工的工序以后,还要确定每道工序的加工路线。加工路线的选择从以下几个方面考虑:

①保证被加工零件的精度和表面粗糙度的要求。例如,铣削加工采用顺铣或逆铣会对表面粗糙度产生不同的影响。

②尽量使走刀路线最短,减少空刀时间。例如,有大量孔加工的点阵类零件,要尽量使各点的运动路线总和为最短。在开始接近零件加工时,为了缩短加工时间,通常在刀具Z轴方向快速运动到离零件表面2~5 mm处(称为参考高度),然后以工作进给速度开始加工。

③在数控编程时,还要考虑切入点和切出点的程序处理。用立铣刀的端刃和侧刃铣削平面轮廓零件时,为了避免在轮廓的切入点和切出点留下刀痕,应沿轮廓外形的延长线切入和切出。切入点和切出点一般选在零件轮廓两几何元素的交点处。延长线可由相切的圆弧和直线组成,以保证加工出的零件轮廓形状平滑。在铣削平面轮廓零件时,还应避免在零件垂直表面的方向上进刀,因为这样会留下划痕,影响零件的表面粗糙度。

3.2　FANUC 0i-MF 系统数控铣削编程与加工

一、F、S、T、M 代码

1. 进给速度功能 F

F 代码是模态指令，F 后面跟的数字就是进给速度的大小，例如 F100 的进给速度是 100 mm/min。这种指定方法比较直观，因此，现在大多数数控机床都采用这一方法。

2. 主轴功能 S

S 代码也是模态指令，用于确定主轴转速，由地址符 S 及其随后的每分钟转速数值表示主轴速度，单位是 r/min。

3. 刀具功能 T

T 代码用于选择所需的刀具，由地址符 T 及其后的两位数字表示刀具号。T 代码与刀具的关系是由机床制造厂规定的。

4. 辅助功能 M

M 代码是机床加工过程的工艺操作指令，即控制机床的各种功能开关，由地址符 M 和规定的两位数字表示。各 M 代码功能的规定对不同的机床制造厂来说是不完全相同的，可参考机床说明书。一些通用的 M 指令功能见表 2-2。

二、基本指令的应用

1. G90——绝对坐标编程指令

格式：G90

说明：

该指令表示程序段中的运动坐标数字为绝对坐标值，即从编程原点开始的坐标值。

2. G91——增量坐标编程指令

格式：G91

说明：

该指令表示程序段中的运动坐标数字为增量坐标值，即刀具运动的终点坐标值相对于前一点坐标值的增量。

3. G00——快速点定位指令

格式：G00　X__　Y__　Z__

说明：

(1)该指令表示刀具以点位控制方式从所在点以最快的速度移动到目标点。其中，X、Y、Z 为目标点坐标。

(2)刀具移动速度不需要指定，而是由生产厂家确定，并可在机床说明书中查到。

4. G01——直线插补指令

格式：G01　X__　Y__　Z__　F__

说明:

该指令的作用是指定两个(或三个)坐标以联动的方式,按指定的进给速度 F 插补加工任意的平面(或空间)直线。

如图 3-3 所示,若刀具由初始点 A 直线插补到目标点 B,则用 G90 编程时的程序为

G90　G01　X54　Y126　F100;

用 G91 编程时的程序为

G91　G01　X－80　Y74　F100;

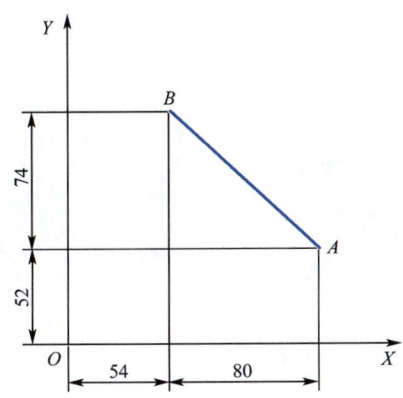

图 3-3　绝对坐标编程与增量坐标编程的区别

5. G02/G03——圆弧插补指令

格式:G02/G03　X__　Y__　Z__　I__　J__　K__　F__

或　　　　G02/G03　X__　Y__　Z__　R__　F__

说明:

(1)G02 表示顺时针圆弧插补,G03 表示逆时针圆弧插补,方向判定如图 2-13 所示。

(2)X、Y、Z 为圆弧终点坐标,I、J、K 为圆心相对于圆弧起点的坐标。

(3)R 为圆弧半径,当圆心角小于或等于 180°时,R 为正值;当圆心角大于 180°时,R 为负值。

(4)如果圆弧是一个封闭整圆,只能使用圆心坐标编程。

加工如图 3-4 所示的三段圆弧,其程序如下:

①使用圆弧半径 R 编程

● 绝对坐标编程方式

G90　G92　X0　Y－30;

G03　X30　Y0　R30　F100;

G02　X110　Y0　R40;

G03　X160　Y－50　R－50;

● 增量坐标编程方式

G92　X0　Y－30;

G91　G03　X30　Y30　R30　F100;

G02　X80　Y0　R40;

G03　X50　Y-50　R-50;

②使用圆心坐标 I、J 编程
- 绝对坐标编程方式

G90　G92　X0　Y-30;
G03　X30　Y0　I0　J30　F100;
G02　X110　Y0　I40　J0;
G03　X160　Y-50　I0　J-50;

- 增量坐标编程方式

G92　X0　Y-30;
G91　G03　X30　Y30　I0　J30　F100;
G02　X80　Y0　I40　J0;
G03　X50　Y-50　I0　J-50;

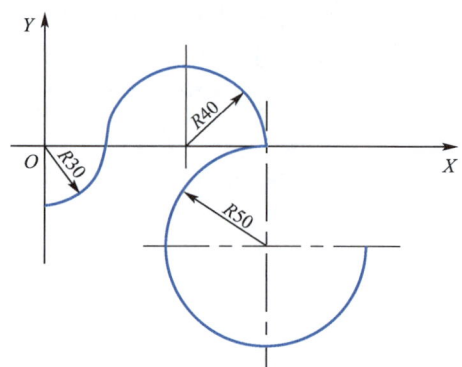

如图 3-5 所示为一封闭整圆,要求由 A 点开始;实现逆时针圆弧插补并返回 A 点。

其程序为:

G90　G03　X40　Y0　I-40　J0　F100;

或

G91　G03　X0　Y0　I-40　J0　F100;

6. G04——暂停指令

格式: G04　P__

说明:

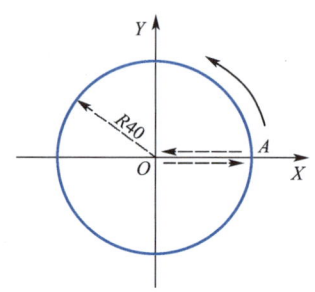

图 3-5　整圆编程

该指令可以使程序暂停一段时间,以便进行某些人为的调整,暂停时间一到,继续执行下一个程序段。时间单位为秒。

7. G17/G18/G19——加工平面选择指令

格式:G17/G18/G19

说明:

(1)G17 指定刀具在 XY 平面上运动;G18 指定刀具在 ZX 平面上运动;G19 指定刀具在 YZ 平面上运动。如图 3-6 所示。

(2)由于数控铣床大都在 XY 平面内加工,故 G17 为机床的默认状态,可省略。

如图 3-7 所示为半径等于 60 的球面,其球心位于坐标原点 O。刀心轨迹 $A \to B$、$B \to C$、$C \to A$ 的圆弧插补程序分别如下:

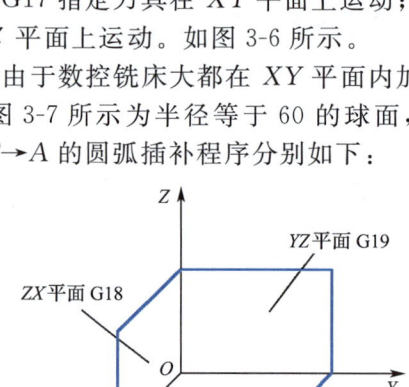

图 3-6　加工平面的选择

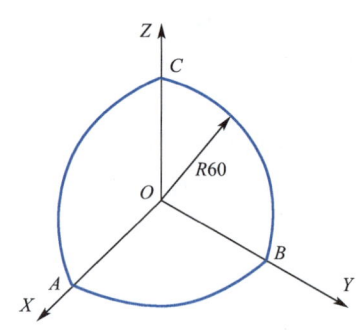

图 3-7　圆弧插补指令的应用

A→B：G17　G90　G03　X0　Y60　I−60　J0；
B→C：G19　G91　G03　Y−60　Z60　J−60　K0；
C→A：G18　G90　G03　X60　Z0　I0　K−60；

或

A→B：G17　G90　G03　X0　Y60　R60；
B→C：G19　G91　G03　Y−60　Z60　R60；
C→A：G18　G90　G03　X60　Z0　R60；

8. G20/G21——英制/公制输入指令

格式：G20/G21

说明：

(1) G20/G21 是两个互相取代的 G 代码，一般机床出厂时，将公制输入 G21 设定为参数缺省状态。在一个程序内，不能同时使用 G20 与 G21 指令，且必须在坐标系确定之前指定。

(2) 公制与英制单位的换算关系为：1 mm≈0.394 in.；1 in≈25.4 mm。

9. G54～G59——工件原点的偏置

格式：G54～G59

说明：

(1) 在编程时，为了避免尺寸换算，需多次把工件坐标系平移。将工件坐标原点平移至工件基准处，称为工件原点的偏置。

(2) 一般数控机床可以预先设定 6 个(G54～G59)工件坐标系，如图 3-8 所示。这些坐标系的坐标原点在机床坐标系中的值可用手动数据输入方式输入，存储在机床存储器内，在机床重新开机时仍然存在，使用时可以在程序中指定。

(3) 一旦指定了 G54～G59 之一，就确定了工件坐标系原点，后续程序段中的工件绝对坐标均为此工件坐标系中的值。例如以下程序段：

　　N01　G54　G00　G90　X30　Y40；
　　……
　　N10　G59；
　　N11　G00　X30　Y30；
　　……

执行 G54 指令时，系统会选定 G54 坐标系作为当前工件坐标系，然后再执行 G00 指令，机床会移动到该坐标中的 A 点，执行 G59 指令时，系统又会选择 G59 坐标系作为当前工件坐标系，再次执行 G00 指令，机床就会移动到刚指定的 G59 坐标系中的 B 点，如图 3-9 所示。

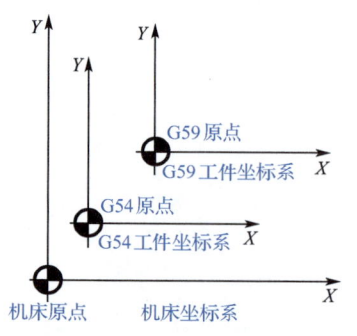
图 3-8 工件坐标系与机床坐标系

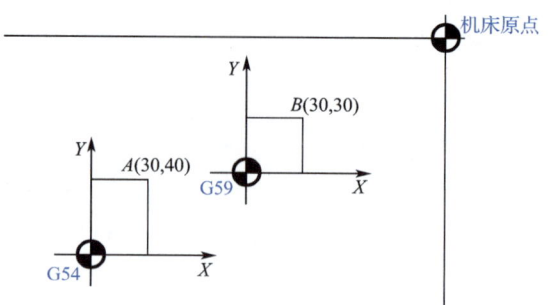
图 3-9 工件坐标系的使用

三、刀具补偿功能

1. 刀具半径补偿

(1) 刀具半径补偿的作用

在数控铣床上进行轮廓的铣削加工时,由于刀具半径的存在,刀具中心轨迹和工件轮廓不重合。如果数控系统不具备刀具半径自动补偿功能,则只能按刀具中心轨迹进行编程,其计算相当复杂,尤其当刀具磨损、重磨或换新刀而使刀具直径变化时,必须重新计算刀具中心轨迹,修改程序,这样既烦琐,又不易保证加工精度。当数控系统具备刀具半径补偿功能时,数控编程只需按工件轮廓进行,数控系统会自动计算刀具中心轨迹,使刀具偏离工件轮廓一个半径值,即进行刀具半径补偿。

(2) 刀具半径补偿的方法

数控系统的刀具半径补偿就是将计算刀具中心轨迹的过程交由 CNC 系统执行,编程人员假设刀具的半径为零,直接根据零件的轮廓形状进行编程,因此这种编程方法也称为对零件的编程,而实际的刀具半径则存放在一个可编程刀具半径偏置存储器中,在加工过程中,CNC 系统根据零件程序和刀具半径自动计算刀具中心轨迹,完成对零件的加工。当刀具半径发生变化时,不需要修改零件程序,只需修改存放在刀具半径偏置存储器中的刀具半径值或选用存放在另一个刀具半径偏置存储器中的刀具半径所对应的刀具值即可。

现代 CNC 系统都设置有若干个(16、32、64 或更多)可编程刀具半径偏置存储器,并对其进行编号,专供刀具补偿之用。进行数控编程时,只需调用所需刀具半径补偿参数所对应的刀具半径偏置存储器编号即可。加工时,CNC 系统将该编号对应的刀具半径偏置存储器中存放的刀具半径值取出,对刀具中心轨迹进行补偿计算,生成实际的刀具中心运动轨迹。

（3）刀具半径补偿的分类

铣削加工刀具半径补偿分为刀具半径左补偿（G41）和刀具半径右补偿（G42）。编程时，使用非零的 Dnn 代码选择正确的刀具半径偏置存储器编号。根据 ISO 标准，当刀具中心轨迹沿前进方向位于零件轮廓左边时，称为刀具半径左补偿；反之称为刀具半径右补偿。

顺铣和逆铣在加工中的应用

①G41——刀具半径左补偿

格式：G41　Dnn

说明：

G41 发生前，刀具半径补偿量必须在刀具半径偏置存储器中设置完成。G41 一般与 G00 或 G01 指令在同一程序段中使用，以建立刀具半径补偿。

②G42——刀具半径右补偿

格式：G42　Dnn

说明：

与 G41 指令的主要区别是：从刀具的进给方向看工件与刀具的相对位置不同，其他说明都相同。

③G40——撤销刀具半径补偿

格式：G40

说明：

G40 指令必须与 G41 或 G42 指令成对使用。

（4）刀具半径补偿的过程

刀具半径补偿的过程分为三步：

①刀具半径补偿的建立。就是在刀具从起点接近工件时，刀具中心从与编程轨迹重合过渡到与编程轨迹偏离一个偏置量的过程。为保证刀具从无刀具半径补偿运动到所希望的刀具半径补偿开始点，应提前建立刀具半径补偿。

②刀具半径补偿的进行。执行有 G41、G42 指令的程序段后，刀具中心始终与编程轨迹相距一个偏置量。

③刀具半径补偿的撤销。在最后一段刀具半径补偿轨迹加工完成后，应走一段直线撤销刀具半径补偿，使刀具中心轨迹过渡到与编程轨迹重合，如图 3-10 所示。

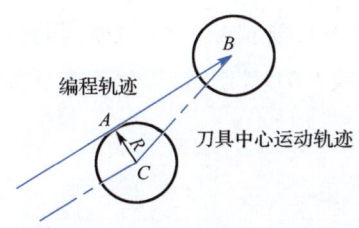

图 3-10　刀具半径补偿的撤销

直线情况如图 3-11 所示，刀具欲从初始点 A 移至终点 B，当执行有刀具半径补偿指令的程序后,将在终点 B 处形成一个与直线 AB 相垂直的新矢量 BC,刀具中心由 A 点移至 C 点。沿着刀具前进方向观察,在 G41 指令时,形成的新矢量在直线的左边,刀具中心偏向编程轨迹的左边;而在 G42 指令时,刀具中心偏向编程轨迹的右边。

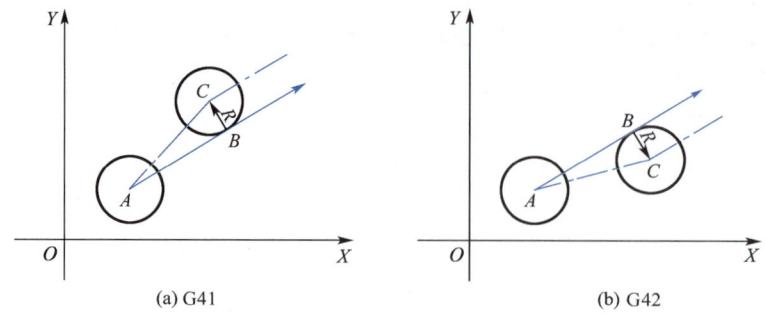

图 3-11 刀具半径补偿(直线情况)

圆弧情况如图 3-12 所示,圆弧插补前进行一段直线运动,建立刀具半径补偿,B 点的偏移矢量与圆弧过 C 点的切线相垂直。圆弧上每一点的偏移矢量方向总是变化的,由于直线 AB 和圆弧相切,所以在 B 点,直线和圆弧的偏移矢量重合,方向一致,刀具中心都在 C 点。若直线和圆弧不相切,则这两个矢量方向不一致,此时要进行拐角过渡处理。

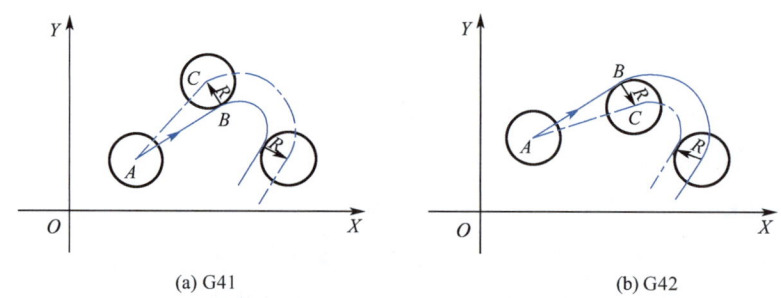

图 3-12 刀具半径补偿(圆弧情况)

从图 3-11 和图 3-12 可见,刀具中心由 A 点移动到 C 点后,G41 或 G42 指令在 G01、G02 或 G03 指令配合下,刀具中心运动轨迹始终偏离编程轨迹一个刀具半径的距离,直到取消刀具半径补偿为止。

(5)刀具偏移状态的改变

刀具偏移状态从 G41 转换为 G42 或从 G42 转换为 G41,通常都需要经过偏移取消状态,即 G40 程序段。但在 G00 或 G01 状态时,可以直接转换,此时刀具中心轨迹如图3-13所示。

(6)刀具偏移量的改变

改变刀具偏移量通常要在偏移取消状态下,在换刀时进行。但在 G00 或 G01 状态下也可以直接进行,如图 3-14 所示。

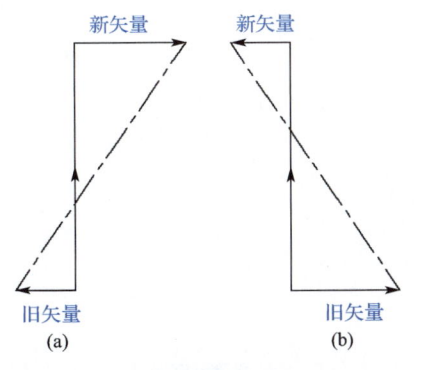

图 3-13 偏移状态的改变

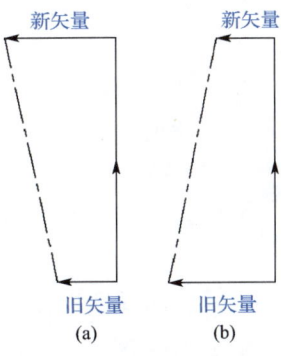

图 3-14 偏移量的改变

(7) 偏移量正负与刀具中心轨迹的位置关系

偏移量取负值时的 G41 指令功能相当于偏移量取正值时的 G42 指令功能;反之,偏移量取正值时的 G41 指令功能相当于偏移量取负值时的 G42 指令功能。

如图 3-15 所示零件,建立刀具半径左补偿的有关指令如下:

G90　G92　X−10　Y−10　Z0;　　　起刀点坐标为(−10,−10,0)
S900　M03;　　　　　　　　　　　启动主轴
G17　G01　G41　X0　Y0　D01;　　刀具半径补偿偏置存储器编号 D01
Y50;　　　　　　　　　　　　　　定义首段零件轮廓
……

建立刀具半径右补偿的有关指令如下:

G90　G92　X−10　Y−10　Z0;
S900　M03;
G17　G01　G42　X0　Y0　D02;　　刀具半径补偿偏置存储器编号 D02
X50;　　　　　　　　　　　　　　定义首段零件轮廓
……

如图 3-16 所示 AB 轮廓曲线,若直径为 20 mm 的铣刀运动轨迹为 O→A→B→C→O,加工程序如下:

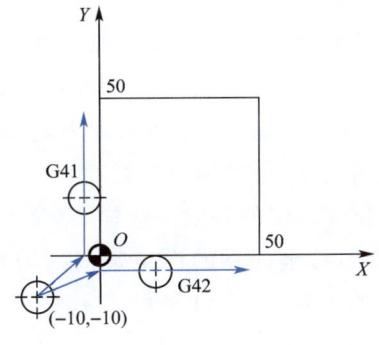

图 3-15 建立刀具半径左补偿

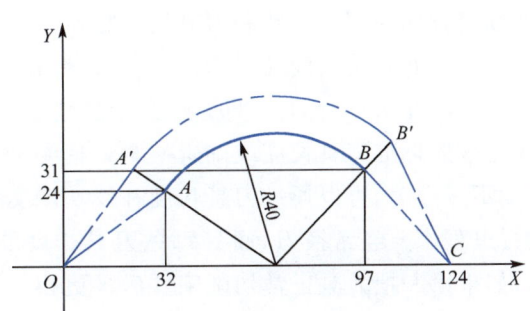

图 3-16 刀具半径左补偿的应用

```
G90  G92  X0  Y0  Z0；
S900  M03  T01；
G41  G00  X32  Y24  D01；      O→A,建立刀具半径补偿
G02  X97  Y31  R40  F180；     A→B,点画线为刀具中心运动轨迹
G40  G00  X124  Y0；           B→C,撤销刀具半径补偿
G00  Z10  X0；                 C→O
M02；
```

(8) 刀具半径补偿的应用

① 因磨损、重磨或换新刀而引起刀具直径改变后,不必修改程序,只需在刀具半径补偿偏置存储器中输入变化后的刀具直径即可。

② 同一程序中,对同一尺寸的刀具,利用刀具半径补偿可进行粗、精加工。如图 3-17 所示。刀具半径为 r,精加工余量为 Δ。粗加工时,输入偏置量($r+\Delta$),则加工出点画线轮廓;精加工时,用同一程序、同一刀具,但输入偏置量 r,则加工出实线轮廓。

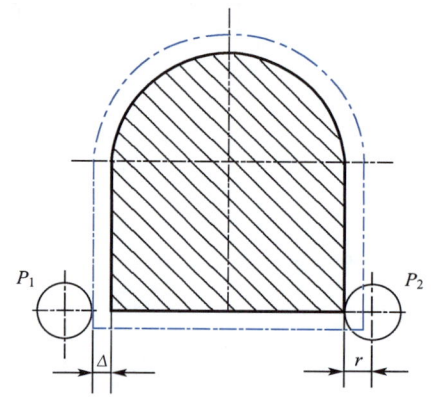

图 3-17 利用刀具半径补偿进行粗、精加工

2. 刀具长度补偿

(1) 刀具长度补偿的作用

刀具长度补偿是用来补偿刀具长度方向尺寸的变化。为了简化零件的数控加工编程,使数控程序与刀具形状和刀具尺寸尽量无关,现代 CNC 系统除了具有刀具半径补偿功能外,还具有刀具长度补偿功能。数控机床规定传递切削动力的主轴为 Z 轴,所以通常是在 Z 轴方向进行刀具长度补偿。在编写工件加工程序时,先不考虑实际刀具的长度,而是按照标准刀具长度或确定一个编程参考点进行编程,如果实际刀具长度和标准刀具长度不一致时,可以通过刀具长度补偿功能实现刀具长度差值的补偿。这样,避免了加工运行过程中要经常换刀,而且每把刀具长度的不同给工件坐标系的设定带来的困难。否则,如果第一把刀具正常切削工件后再更换一把稍长的刀具,若工件坐标系不变,零件将被过切。

刀具长度补偿要视情况而定。一般而言,刀具长度补偿对于二坐标和三坐标联动数控加工有效,但对于刀具摆动的四、五坐标联动数控加工,刀具长度补偿则无效,在进行刀位计算时可以不考虑刀具长度,但后置处理计算过程中必须考虑刀具长度。

(2)刀具长度补偿的方法

刀具长度补偿在发生作用前,必须先进行刀具参数的设置。设置的方法有机内试切法、机内对刀法和机外对刀法。对数控铣床而言,较好的方法是采用机外对刀法。不管采用哪种方法,所获得的数据都必须通过手动数据输入(MDI)方式将刀具参数输入数控系统的刀具参数表中。

在加工过程中,为了控制切削深度或进行试切加工,也经常使用刀具长度补偿。采用的方法是:加工之前在实际刀具长度上加上退刀长度,存入刀具长度偏置存储器中,加工时使用同一把刀具,而调用加长后的刀具长度值,从而可以控制切削深度,而不用修正零件加工程序。

(3)刀具长度补偿的分类

对于数控铣床,刀具长度补偿分为刀具长度正补偿(或离开工件补偿)和刀具长度负补偿(或趋向工件补偿)。使用非零的 Hnn 代码选择正确的刀具长度偏置存储器号。在最后一段刀补轨迹加工完成后,应走一段直线再撤销刀具长度补偿。

①G43——刀具长度正补偿

格式:G43 Hnn

说明:

G43 发生前,刀具长度补偿值必须在刀具长度偏置存储器中设置完成。执行 G43 指令时,刀具移动的实际距离等于指令值加刀具长度补偿值。在同一程序段中既有运动指令,又有刀具长度补偿指令时,数控机床首先执行刀具长度补偿指令,然后执行运动指令。

②G44——刀具长度负补偿

格式:G44 Hnn

说明:

执行 G44 指令时,刀具移动的实际距离等于指令值减刀具长度补偿值。其他功能与 G43 指令相同。

③G49——取消刀具长度补偿

格式:G49

说明:

G49 指令必须与 G43 或 G44 指令成对使用。

如果刀具长度偏置存储器 H01 中存放的刀具长度值为 10,对于数控铣床,执行语句:

G90　G01　G43　Z−15　H01;

刀具实际运动到 $Z(-15+10)=Z-5$ 的位置,如图 3-18(a)所示。

如果该语句改为

G90　G01　G44　Z-15　H01；

则执行该语句后,刀具实际运动到 $Z(-15-10)=Z-25$ 的位置,如图 3-18(b)所示。

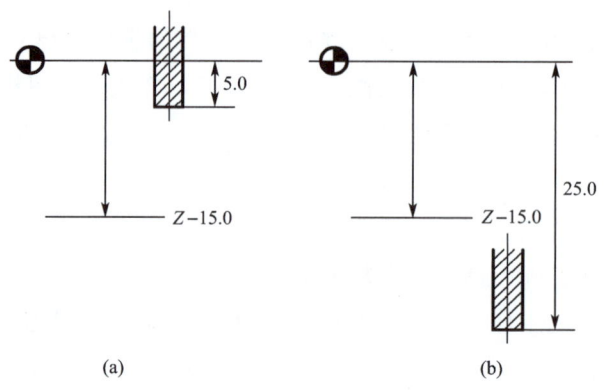

图 3-18　刀具长度补偿

从此例可以看出,在程序命令方式下,可以通过修改刀具长度偏置存储器中的值来达到控制切削深度的目的,而无须修改零件加工程序。

机床操作者必须十分清楚刀具长度补偿的原理和操作。数控编程人员则应记住:零件数控加工程序假设的是刀尖(或刀具中心)相对于工件的运动,刀具长度补偿的实质是将刀具相对于工件的坐标由刀具长度基准点(或称刀具安装定位点)移到刀尖(或刀具中心)位置。

四、孔加工循环指令的应用

钻孔、镗孔、深孔钻削、攻螺纹、拉镗等加工工序所需完成的顺序动作十分典型,并且在同一个面上有时需要完成数个相同的加工顺序动作,如图 3-19 所示。每个孔的加工过程相同:快速进给、工进钻孔、快速退出,然后在新的位置定位后重复同样的动作。编写程序时,同样的程序段需要编写若干次,十分麻烦。使用固定循环功能,可以大大简化程序的编制。表 3-1 是 FANUC 0i 数控系统的固定循环功能表,包括 12 种固定循环指令和一种取消固定循环指令(G80)。

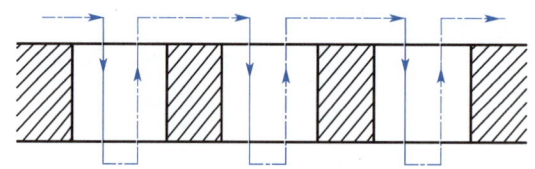

图 3-19　孔加工路线

表 3-1　　　　　　　　　FANUC 0i 数控系统的固定循环功能表

G 代码	开孔动作（-Z 方向）	在孔底的动作	退刀方式	用　途
G73	间歇进给	—	快速	高速深孔加工循环
G74	切削进给	暂停—主轴正转	切削进给	攻螺纹
G76	切削进给	主轴准停	快速	精镗循环
G80	—	—	—	取消固定循环
G81	切削进给	—	快速	钻孔、钻中心孔
G82	切削进给	暂停	快速	锪孔、镗阶梯孔
G83	间歇进给	—	快速	渐进钻削循环
G84	切削进给	暂停，主轴反转	切削进给	攻螺纹循环
G85	切削进给	—	切削进给	镗孔循环
G86	切削进给	主轴停止	快速	镗孔循环
G87	切削进给	主轴正转	快速	反镗循环
G88	切削进给	暂停—主轴停止	手动	镗孔循环
G89	切削进给	暂停	切削进给	镗孔循环

1. 固定循环的组成及固定循环代码

（1）固定循环的组成

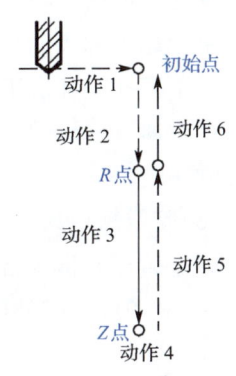

如图 3-20 所示的固定循环由以下 6 个动作组成：

动作 1——X、Y 轴定位，使刀具快速定位到孔加工的位置。

动作 2——Z 轴快速移动到 R 点。

动作 3——孔加工，以切削进给的方式执行孔加工的动作。

动作 4——在孔底的动作，包括暂停、主轴准停、刀具移位等动作。

动作 5——返回到 R 点，继续孔的加工而又可以安全移动刀具时，返回点选择 R 点。

图 3-20　固定循环的动作

动作 6——快速返回到初始点，孔加工完成后的返回点一般应选择初始点。

固定循环坐标轴定位只能在 XY 平面内，要加工的孔在 Z 轴方向上，不能在其他平面内定位加工，因此与平面选择 G 代码（G17、G18、G19）无关。

（2）固定循环代码

组成一个固定循环，要用到以下三组代码：

①数据格式代码（G90 和 G91）

固定循环指令中地址 R 与地址 Z 的数据指定与 G90 或 G91 的方式选择有关。在 G90 方式下，R 与 Z 一律取其终点坐标值，如图 3-21(a) 所示。在 G91 方式下，R 是自初始点到 R 点间的距离，Z 是自 R 点到孔底平面上 Z 点的距离，如图 3-21(b) 所示。

②返回点代码(G98 和 G99)

由 G98 和 G99 决定刀具在返回时到达的点。指定 G98,则刀具返回到初始点,如图 3-22(a)所示。指定 G99,则刀具返回到 R 点,如图 3-22(b)所示。

③孔的加工方式代码(G73~G89)

孔的加工方式代码见表 3-2。

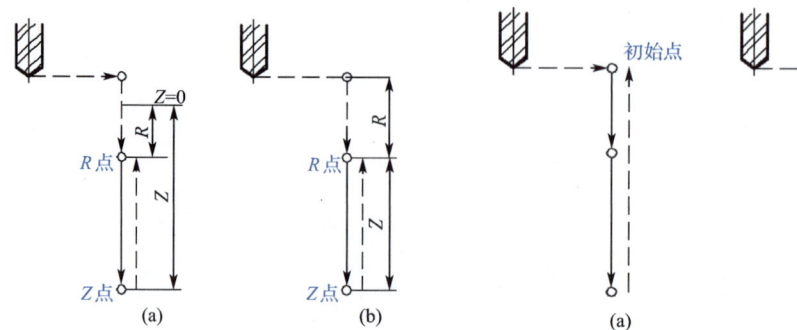

图 3-21　G90 与 G91 的坐标计算　　　　图 3-22　G98 与 G99 的区别

初始点是为安全下刀而规定的点,该点到零件表面的距离可以任意设定在一个安全的高度上。R 点又叫参考点,是刀具下刀时由快进转为工进的转换起点,距工件表面的距离主要考虑工件表面尺寸的变化,一般可取 2~5 mm。

加工盲孔时孔底平面就是孔底的 Z 轴高度;加工通孔时一般刀具还要伸出工件底平面一段距离,以保证全部孔深都加工到规定尺寸。钻削加工时还应考虑钻头钻尖对孔深的影响。

(3)固定循环的指令格式

固定循环的指令格式为

G90(G91)　　G98(G99)　G73~G89　X__　Y__　Z__　R__　Q__　P__　F__　L__

说明:

X、Y:平面点定位坐标值,可以用绝对值,也可以用增量值。

Z:使用绝对值时,表示从 Z 坐标轴原点到孔底 Z 点的距离;使用增量值时,表示从 R 点到孔底 Z 点的距离,参考图 3-21。

R:使用绝对值时,表示从 Z 坐标轴原点到 R 点的距离;使用增量值时,表示从初始点到 R 点的距离,参考图 3-21。

Q:在 G73 或 G83 指令中,指定每次进给的深度;在 G76 或 G87 指令中,指定刀具的位移量。用增量值给定。

P:刀具在孔底的暂停时间。

F:切削进给速度。

L:固定循环次数,不指定时只进行一次。

固定循环加工方式一旦被指定,在加工过程中将保持不变,直到指定其他循环孔加工方式或使用 G80 指令取消固定循环为止,若程序中使用代码 G00、G01、G02、G03 时,循环加工方式及其加工数据也全部被取消。所以,加工同一种孔时,加工方式连续执行,不需要对每个孔重新指定加工方式。因而在使用固定循环功能时,应先给出循环孔加工所需要的全部数据,在固定循环过程中只给出需要改变的数据。

2. 常用的孔加工固定循环指令

（1）G81——钻削固定循环指令

格式：G81　X__　Y__　Z__　R__　F__

说明：

主轴正转,刀具以进给速度向下运动钻孔,到达孔底位置后,快速退回（无孔底动作）,如图 3-23 所示。本指令属于一般孔钻削加工固定循环指令。

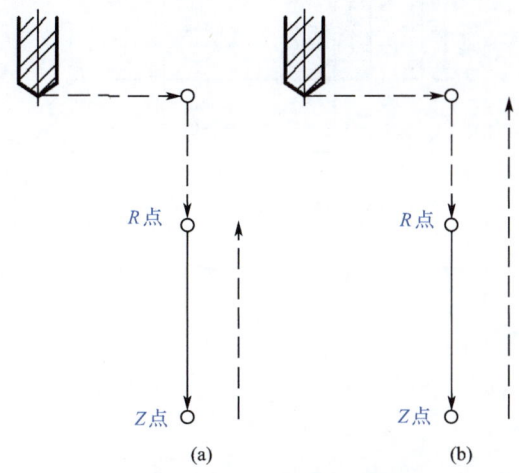

图 3-23　G81 钻削固定循环

例 3-1

加工如图 3-24 所示零件,要求用 G81 指令加工所有的孔,其数控加工程序如下：

O0003；
G54；   建立工件坐标系
G90　G00　Z30　M08；   刀具到达初始点,冷却液开
G00　X10　Y10；   刀具快速定位到 #1 孔
S1000　M03；   设定主轴转速
G99　G81　Z－15　R5　F70；   钻 #1 孔
X50；   钻 #2 孔
Y30；   钻 #3 孔
X10；   钻 #4 孔
G80；   取消钻孔循环
G00　Z30；   刀具到达安全高度

```
M05;                        主轴停
G00  X0  Y0;                刀具回原点
M30;                        程序结束
```

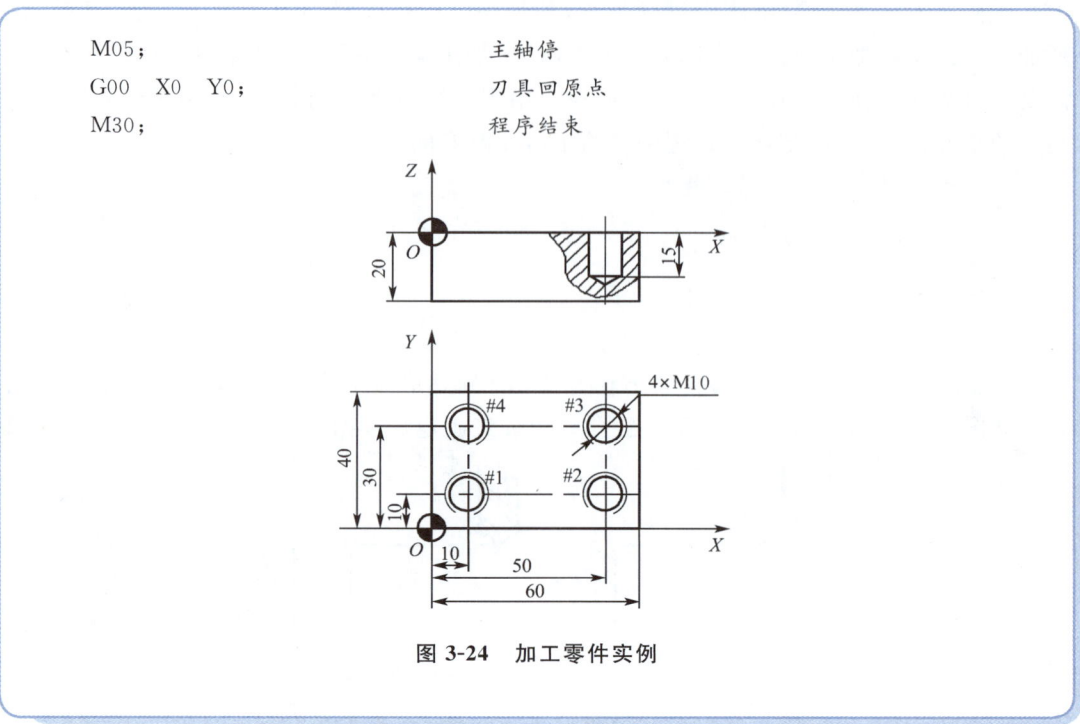

图 3-24 加工零件实例

(2) G82——钻削固定循环指令

格式：G82 X__ Y__ Z__ R__ P__ F__

说明：

与 G81 指令的主要区别是：仅在孔底增加了进给暂停动作，即当钻头加工到孔底位置时，刀具不做进给运动，而保持旋转状态，使孔的表面更光滑。本指令适用于锪孔或钻阶梯孔，如图 3-25 所示。

(3) G73——高速深孔钻削固定循环指令

格式：G73 X__ Y__ Z__ R__ Q__ F__

说明：

与 G81 指令的主要区别是：由于是深孔加工，采用间歇进给（分多次进给），以利于断屑。

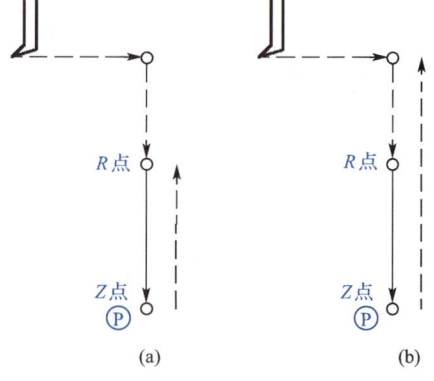

图 3-25 G82 钻削固定循环

每次钻深为 Q，退刀距离为 d。d 由 CNC 系统内部设定，末次钻深≤Q，如图 3-26 所示。

(4) G83——深孔钻削固定循环指令

格式：G83 X__ Y__ Z__ R__ Q__ F__

说明：

与 G73 指令的主要区别是：该指令在每次进刀 Q 距离后返回 R 点平面，这样对深孔钻削时的排屑有利，如图 3-27 所示。

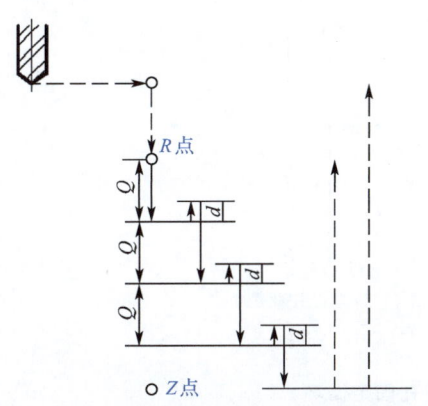

图 3-26 G73 高速深孔钻削固定循环　　图 3-27 G83 深孔钻削固定循环

（5）G85——镗削固定循环指令

格式：G85　X__　Y__　Z__　R__　F__

说明：

主轴正转，刀具以进给速度向下运动镗孔，到达孔底位置后，立即以进给速度退出（没有孔底动作）。孔加工动作如图 3-28 所示。本指令属于一般孔镗削加工循环指令。

（6）G86——退刀型镗削固定循环指令

格式：G86　X__　Y__　Z__　R__　P__　F__

说明：

与 G85 指令的区别是：G86 指令在到达孔底位置后，主轴停止转动，暂停一段时间后退出。本指令属于一般孔镗削加工循环指令。

（7）G89——镗削固定循环指令

格式：G89　X__　Y__　Z__　R__　P__　F__

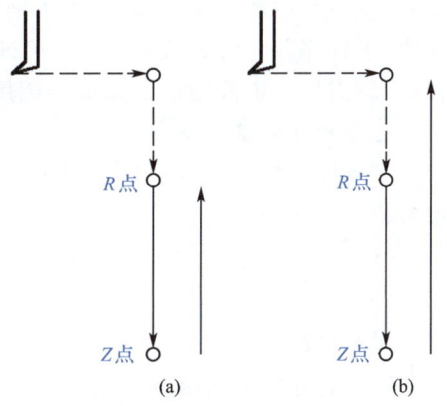

图 3-28 G85 镗削固定循环

说明：

与 G85 指令的区别是：G89 指令在到达孔底位置后，进给暂停。本指令适用于精镗孔。

（8）G88——镗孔固定循环指令

格式：G88　X__　Y__　Z__　R__　P__　F__

说明：

刀具加工到孔底后暂停，主轴停止，并转为进给保持状态，然后以手动方式将刀具移出孔外,再转回自动方式,使"MANUAL ABSOLUTE"开关在"ON"位置,启动自动循环,刀具将快速进给到 R 点或初始点。孔加工动作如图 3-29 所示。

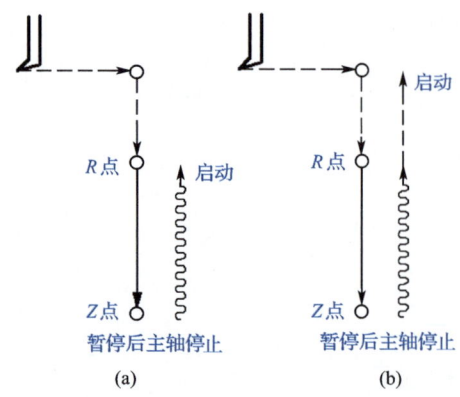

图 3-29　G88 镗孔固定循环

五、子程序

子程序编程是计算机程序设计语言的基本功能,现代 CNC 系统一般都提供调用子程序功能。但子程序调用不是数控系统的标准功能,不同的数控系统所用的指令和格式均不相同。

在一个加工程序中,如果有一定量的程序段是完全重复的,即一个零件中有几处形状相同,或刀具运动轨迹相同的,为了缩短程序,可以把重复的程序段单独抽出,按一定格式编成"子程序",并将其预先存储在 CNC 系统内,在主程序中如果需要执行此子程序的内容时,只需用一个调用指令即可。调用子程序的程序称为"主程序"。

1. 子程序的编程格式

子程序的格式与主程序相同,但在子程序开头有子程序号,结尾有子程序结束指令。编程格式如下:

O××××(或 P××××或 ％××××)

……

M99(或 RET)

2. 子程序的调用格式

(1)M98　P××××××××

说明:

P 后面的前三位为重复调用次数,省略时为调用一次;后四位为子程序号。

(2)M98　P××××　L××××

说明:

P 后面的四位为子程序号;L 后面的四位为重复调用次数,省略时为调用一次。

（3）M99——子程序结束指令

格式：O××××　　　　　子程序号

……　　　　　　　　　子程序内容

M99　　　　　　　　　子程序结束指令

说明：

①子程序必须在主程序结束指令后建立。

②子程序的内容与一般程序编制方法相同。

③子程序的作用如同一个固定循环，供主程序调用。

④M99表明子程序结束，并返回主程序，所以该指令必须在一个子程序的最后设置。但不一定要单独使用一个程序段，也可以放在最后一段程序的最后。

3.子程序的执行过程

在主程序中调用子程序的过程举例如下：

例3-2

一次装夹加工多个相同零件或一个零件有重复加工部分的情况下可使用子程序。如图3-30所示，加工两个相同的工件，按字母顺序加工，Z轴开始点为工件上方100 mm处，切深10 mm。

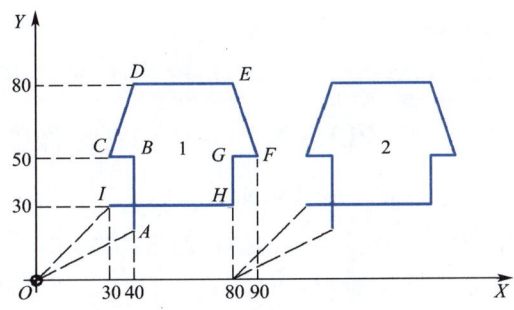

图3-30　重复加工实例

主程序如下：

O0004；

N10　G90　G54　G00　Z100　S1000　M03；

N20　X0　Y0；

N30　M98　P1010；

N40　G90　G00　X80；

N50　M98　P1010；

```
N60  G90  G00  X0  Y0；
N70  M05；
N80  M30；
```
子程序如下：
```
O1010；
G91  G00  Z-110；
G41  X40  Y20  D01；
Y30；
X-10；
X10  Y30；
X40；
X10  Y-30；
X-10；
Y-20；
X-50；
Z110；
X-30  Y-30；
M99；
```

程序说明：主程序执行到 N30 时转去执行 O1010 子程序一次，返回时继续执行 N40 程序段。在执行 N50 时又转去执行 O1010 子程序一次，返回时又继续执行 N60 及其后面的程序。

六、FANUC 0i Mate-MF PLUS 数控系统的铣床操作

1. FANUC 0i Mate-MF PLUS 数控系统的操作面板

FANUC 0i Mate-MF PLUS 数控系统的操作面板如图 3-31 所示，该操作面板由两部分组成：图 3-31(a)所示为系统操作面板，图 3-31(b)所示为机床操作面板。各按键说明参见 FANUC 0i-TF PLUS 数控车床操作部分。

2. 数控铣床的加工过程

（1）通电开机，回参考点

①将机床后面的电源开关旋至"ON"位置，按数控系统的"电源启动"按钮，接通电源。机床工作指示灯变亮，风扇启动，润滑泵、液压泵启动。

②旋开"急停"按钮，系统完成上电复位。

③选择"返回参考点"工作方式，先将 Z 轴回参考点：按下操作面板上的"+Z"键，此时 Z 轴回参考点，Z 轴回参考点指示灯变亮。同样，再分别按下"+X""+Y"键，使 X 轴和 Y 轴回参考点，X 轴、Y 轴回参考点指示灯变亮。

图 3-31　FANUC 0i Mate-MF PLUS 数控系统的操作面板

(2) 手动操作

手动操作有三种类型：手动连续进给和增量进给和手轮进给。

(3) 安装零件，设置工件坐标系

①安装精密平口钳（或 V 形块），并进行找正。

首先将工作台面和平口钳（或 V 形块）的底部擦拭干净。将平口钳（或 V 形块）安装在工作台的中部。然后将 T 形槽螺钉稍加紧固，用百分表对固定钳面拉直找正后再卡紧 T 形槽螺钉。V 形块在工作台上位置的找正如图 3-32 所示。

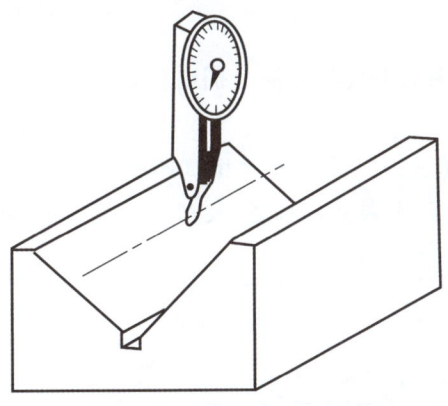

图 3-32　V 形块在工作台上位置的找正

②安装零件

安装零件时，注意要使零件的上表面高出钳口至少 6 mm，用百分表找正零件后，使用扳手紧固平口钳，夹紧零件。使用两个 V 形块装夹轴类零件时，应注意调整好 V 形块与工作台进给方向的平行度及轴心线与工作台台面的平行度。

③确定工件坐标系及对刀

设定工件坐标系就是找出工件坐标系的零点在机床坐标系中的坐标值。下面采用杠杆百分表(也可采用千分表)对刀。如图 3-33 所示,其操作步骤如下:

- 用磁性表座将杠杆百分表吸附在机床主轴端面上,并手动操作使主轴低速正转。
- 手动操作使旋转的表头依 X、Y、Z 的顺序逐渐靠近孔壁(或圆柱面)。
- 移动 Z 轴,使表头压住被测表面,指针转动约 0.1 mm。
- 逐步降低手动脉冲发生器的 X、Y 移动量,使表头旋转一周时,其指针的跳动量在允许的对刀误差内,如 0.02 mm,此时可认为主轴的旋转中心与被测孔中心重合。
- 记下此时机床坐标系中的 X、Y 坐标值。此 X、Y 坐标值即 G54 指令建立工件坐标系时的偏置值。若用 G92 建立工件坐标系,保持 X、Y 坐标不变,刀具沿 Z 轴移动到某一位置,则指令形式为:G92 X0 Y0。
- 这种操作方法比较麻烦,效率较低,但对刀精度较高,对被测孔的精度要求也较高,最好是经过铰或镗加工的孔,仅粗加工后的孔不宜采用。

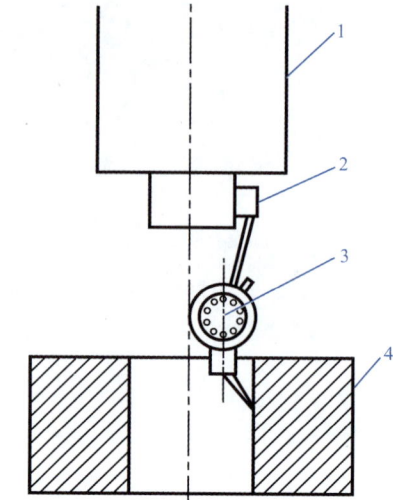

图 3-33 采用杠杆百分表对刀
1—主轴;2—磁性表座;3—百分表;4—工件

(4)安装刀具,设置刀具补偿值

①安装刀具

按照刀具卡先将所使用的刀具和刀柄分别组装,准备好。

②刀具补偿值输入

按"OFSET/SET"键切换刀具磨损补偿和刀具形状补偿的界面。由于刀具使用一段时间后磨损,会使产品尺寸产生误差,因此需要对刀具设定磨损量补偿。

(5)编辑程序并试切

①输入与修改程序

②空运行

将机床锁住,空运行程序,检查程序中可能出现的错误。

单段运行,首件试切:降低"进给倍率",选择"自动"工作方式和"单段"工作方式,按"循环启动"键,运行程序。这样可以逐段检查程序,注意观察执行每一段程序时刀具的位置是否正确。

首件试切完毕后应对其进行全面检测,必要时适当地修改程序或调整机床,直到加工件全部合格后,程序编制工作才算结束。

(6)加工零件

在"自动"工作方式下运行零件程序,进行零件的加工,这时应注意切削过程中个别零件尤其是铸件的加工余量不均匀,应适当调整"进给倍率旋钮",从而改变程序给定的进给速度。

(7)检验零件,程序存档

卸下加工完毕的零件,进行机床清理和维护。零件加工过程中要对零件的关键工序尺寸进行逐项测量,避免精加工后才发现部分尺寸超差。

将调整好的程序输出到计算机中或使用其他方法记录存档,以备再次使用。

3.3 SINUMERIK 840D 系统数控铣削编编程与加工

一、基本指令的应用

1. G0——快速点定位指令

格式:G0　X__　Y__　Z__

或　　　　G0　AP=　RP=

或　　　　G0　AP=　RP=　Z__　（如用于G17）

说明:

(1)G0用于快速定位刀具,没有对工件进行加工。

(2)可以在几个轴上同时执行快速移动,由此产生一线性轨迹。

(3)AP:极坐标角度(极角)。

(4)RP:极坐标半径(极半径)。

如:G0　X100　Y120　Z60　直角坐标系

　　……

　　G0　RP=15.2　AP=30　极坐标系

2. G1——直线插补指令

格式:G1　X__　Y__　Z__　F__

或　　　　G1　AP=　RP=　F__

或　　　　G1　AP=　RP=　Z__　F__　（如用于G17）

说明:

还可以使用角度 ANG=__ 进行线性编程。

3. G2/G3——圆弧插补指令

格式:G2/G3　X__　Y__　Z__　I__　J__　K__　F__

或　　　　G2/G3　CR=　X__　Y__　Z__　F__

或　　　　G2/G3　AR=　I__　J__　K__　F__

或　　　　G2/G3　AR=　　X__　Y__　Z__　F__
或　　　　G2/G3　AP=　　RP=　　F__

说明：
(1)其他的圆弧编程方法有：CT——圆弧用切线连接；CIP——通过中间点的圆弧。
(2)只有用圆心和终点定义的程序段才可以整圆编程。
(3)已知圆心和终点、半径和终点、圆心角和圆心、圆心角和终点的编程方法参考模块 2 西门子 G2/G3 编程方法。
(4)极坐标编程举例。如图 3-34 所示圆弧，编程如下：

```
G17；                     XY 坐标平面选择
G90 G0 X12 Y49；           圆弧的初始点
G111 X54 Y13；             极点=圆心
G2 RP=55 AP=41；           极坐标；
```

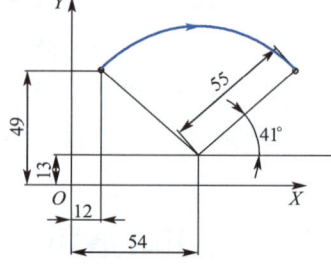

图 3-34　极坐标编程

4. G2/G3,TURN——螺旋插补指令

格式：G2/G3　X__　Y__　Z__　I__　J__　K__　F__　TURN=
或　　　　G2/G3　CR=　　X__　Y__　Z__　F__　TURN=
或　　　　G2/G3　AR=　　I__　J__　K__　F__　TURN=
或　　　　G2/G3　AR=　　X__　Y__　Z__　F__　TURN=
或　　　　G2/G3　AP=　　RP=　　F__　TURN=

说明：
螺旋插补由两种运动组成：
(1)在 G17/G18/G19 平面中进行的圆弧运动。
(2)垂直于该平面的直线运动。
(3)TURN：圆弧经过起点的次数即整圆的圈数。

如：
```
G17；                          XY 坐标平面选择
Z70；                          Z 轴垂直于 XY 平面
G1 X0 Y50 F300；               回初始点
G3 X0 Y0 Z33 I0 J-25 TURN=3；  螺旋插补
```

5. G33——恒螺距螺纹切削指令

格式：G33　X__　Y__　Z__　I__　J__　K__

说明：
(1)用来加工带恒定螺距的螺纹；要求主轴有位置测量系统。
(2)X/Y/Z：钻削深度；I/J/K：螺距。
(3)用 G33 编程时，加工螺纹的轴速度由主轴速度和螺距决定。进给率 F 不起作用，但仍保持存储状态。
(4)G33 为模态代码。

如：公制螺纹 5，螺距查表得 0.8 mm/r，钻孔已准备好。程序如下：

```
G54 G0 G90 X10 Y10 Z5 S600 M3；    回初始点，主轴顺时针旋转
```

G33   Z-25   K0.8;   攻螺纹,终点为-25 mm
Z5   K0.8   M4;   后退,主轴逆时针旋转
G0   X50   Y30   Z20;

6. G63——带补偿夹具攻螺纹指令

格式:G63   X__   Y__   Z__   F__

说明:

(1)用于带补偿夹具的螺纹加工,是非模态代码。

(2)编程的进给率 F 必须与主轴速度 S 和螺距相匹配:

$$F(\text{mm/min}) = S(\text{r/min}) \times 螺距(\text{mm/r})$$

如:公制螺纹 5,螺距查表得 0.8 mm/r,孔已经预制。程序如下:

G54   G0   G90   X10   Y10   Z5   S600   M3;   回初始点,主轴顺时针旋转
G63   Z-25   F480;   攻螺纹,终点为-25 mm
G63   Z5   M4;   后退,主轴逆时针旋转
G0   X50   Y30   Z20;

二、刀具补偿功能

SINUMERIK 840D 系统刀具补偿功能应用跟 FANUC 系统差不多,只是在编程方面需要注意一下,FANUC 系统编程如下:

G41   G0   X0   Y0   D01;   半径补偿后面必须跟 D__
G43   G0   Z0   H01;   长度补偿后面必须跟 H__

说明:不同的 D、H 里面的不同数值表示不同的刀具。然而 SINUMERIK 840D 系统中不同的刀具已经提前创建好了,在刀具补偿的时候不用指定 D 和 H。

三、孔加工循环指令的应用

1. CYCLE81——钻孔,中心孔

格式:CYCLE81(RTP,RFP,SDIS,DP,DPR)

说明:

刀具按照编程的主轴速度和进给率钻孔,直至到达输入的最后的钻孔深度,快速回退到返回平面,如图 3-35 所示。

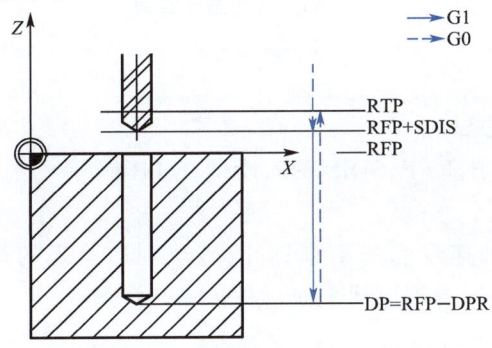

图 3-35 CYCLE81 钻孔循环

其中：RTP：Real　　　　　　返回平面（绝对）
　　　RFP：Real　　　　　　参考平面（绝对）
　　　SDIS：Real　　　　　 安全间隙（无符号输入）
　　　DP：Real　　　　　　 最后钻孔深度（绝对）
　　　DPR：Real　　　　　 相当于参考平面的最后钻孔深度（无符号输入）
如果一个值同时输入给 DP 和 DPR，最后钻孔深度则来自 DPR。

例3-3

使用钻孔循环指令钻图 3-36 所示的 3 个孔。可使用不同的参数调用它，程序如下：

```
G0  G17  G90  F200  S300  M3;        技术值定义
D3  T3  Z110;                         接近返回平面
X40  Y120;                            接近初始钻孔位置
CYCLE81(110,100,2,35,);               使用绝对最后钻孔深度调用循环
Y30;                                  移到下一个钻孔位置
CYCLE81(110,102, ,35,);               无安全间隙调用循环
X90;                                  移到下一个钻孔位置
CYCLE81(110,100,2, ,65);              使用相对最后钻孔深度调用循环
M02;                                  程序结束
```

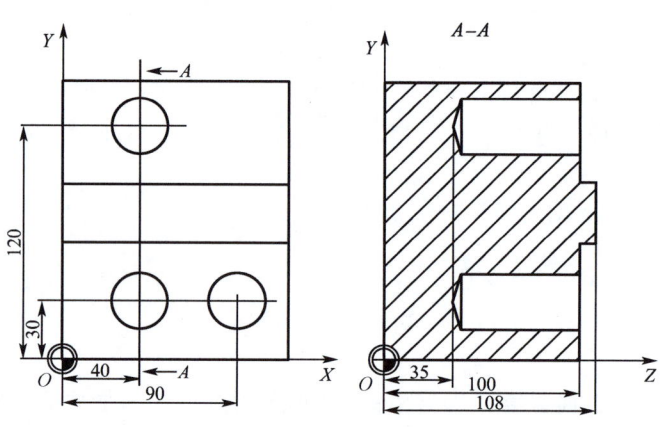

图 3-36　钻孔循环实例

2. CYCLE82——中心钻孔

格式：CYCLE82(RTP,RFP,SDIS,DP,DPR,DTB)

说明：

刀具按照编程的主轴速度和进给率钻孔，直至到达输入的最后的钻孔深度。停顿 DTB 指定的时间后，快速回退到返回平面，如图 3-37 所示。

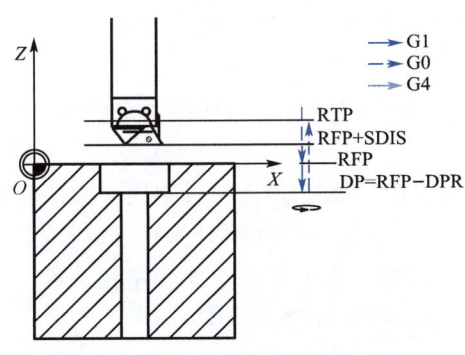

图 3-37　CYCLE82 中心钻孔循环

其中:参数 RTP、RFP、SDIS、DP、DPR 的说明同 CYCLE81 指令

DTB:Real　　最后钻孔深度时的停顿时间(断屑),单位为秒

例3-4

使用 CYCLE82 指令在 XY 平面中的(X24,Y15)处加工一个深 27 mm 的单孔。编程的停顿时间是 2 s,钻孔轴 Z 轴的参考平面为 102 mm,安全间隙是 4 mm。程序如下:

```
G0  G17  G90  F200  S300  M3;          技术值定义
D1  T10  Z110;                          回到返回平面
X24  Y15;                               回到钻孔位置
CYCLE82(110,102,4,75,,2);               循环调用
M02;                                    程序结束
```

3. CYCLE83——深孔钻孔

格式:CYCLE83(RTP,RFP,SDIS,DP,DPR,FDEP,FDPR,DAM,DTB,DTS,FRF,VARI)

说明:

(1)刀具以编程的主轴速度和进给率开始钻孔,直至定义的最后钻孔深度,快速回退到返回平面,如图 3-38 所示。

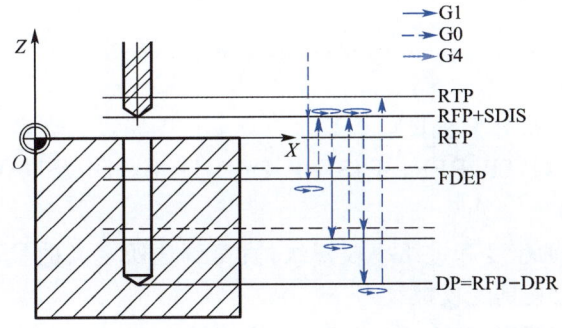

图 3-38　CYCLE83 深孔钻孔循环

(2) 深孔钻削是通过多次执行最大可定义的深度并逐步增加直至到达最后钻孔深度来实现的。

(3) 钻头可以在每次进给深度完以后退回到参考平面＋安全间隙用于排屑,或者每次退回 1 mm 用于断屑。

其中:参数 RTP、RFP、SDIS、DP、DPR 的说明同 CYCLE81 指令

  FDEP:Real 起始钻孔深度(绝对值)

  FDPR:Real 相当于参考平面的起始钻孔深度(无符号输入)

  DAM:Real 递减量(无符号输入)

  DTB:Real 最后钻孔深度时的停顿时间(断屑),单位为秒

  DTS:Real 起始点处和用于排屑的停顿时间

  FRF:Real 起始钻孔深度的进给率系数(无符号输入)

  VARI:Int 加工类型:断屑＝0,排屑＝1

例3-5

在 XY 平面中的位置(X80,Y120)和(X80,Y60)处程序执行循环 CYCLE83 指令,钻孔深度均为 145 mm,参考平面为 150 mm。首次钻孔时,停顿时间为零且加工类型为断屑。最后钻深和首次钻深的值为绝对值。第二次循环调用中编程的停顿时间为 1 s,选择的加工类型是排屑,最后钻孔深度相对于参考平面。这两种加工下的钻孔轴都是 Z 轴。程序如下:

```
G0   G17   G90   F50   S500   M4;         技术值定义
D1   T12;
Z155;                                      接近返回平面
X80   Y120;                                到达首次钻孔位置
CYCLE83(155,150,2,5,0,100, ,20,0,0,1,0);
                                           调用循环
X80   Y60;                                 回到下一次钻孔位置
CYCLE83(155,150,2, ,145, ,50,20,1,1,0.5,1);
                                           调用循环
M02;                                       程序结束
```

4. CYCLE840——带补偿夹具攻螺纹

格式:CYCLE840(RTP,RFP,SDIS,DP,DPR,DTB,SDR,SDAC,ENC,MPIT,PIT)

说明:

刀具以编程的主轴速度和进给率攻螺纹,直至到达所定义的最后螺纹深度。使用此循环,可以进行带补偿夹具的攻螺纹

其中:参数 RTP、RFP、SDIS、DP、DPR 的说明同 CYCLE81 指令

  DTB:Real 钻削至螺纹深度时的停顿时间(断屑)

SDR:Int　　　　　退出时的旋转方向,值为 0(旋转方向自动颠倒)、3 或 4(用于 M3 或 M4)

SDAC:Int　　　　循环结束后的旋转方向值:3、4 或 5(用于 M3、M4 或 M5)

ENC:Real　　　　带/不带编码器攻螺纹,值:0 为带编码器;1 为不带编码器

MPIT:Real　　　 螺距由螺纹尺寸决定(有符号),数值范围:3(用于 M3)～48(用于 M48);符号决定了在螺纹中的旋转方向

PIT:Real　　　　螺距由数值决定(有符号),数值范围:0.001～2 000.000 mm;符号决定了在螺纹中的旋转方向

编程举例:

(1)无编码器攻螺纹,此程序用于在 XY 平面中的位置(X30,Y35)处进行无编码器攻螺纹;攻螺纹轴 Z 轴。必须给旋转方向参数 SSR 和赋值;参数 ENC 的值为 1,深度的值是绝对值可以忽略螺距参数 PIT。加工时使用补偿夹具。程序如下:

```
G90  G0  T11  D1  S500  M3;           技术值定义
G17  X30  Y35  Z60;                    接近钻削位置
G1  F200;                              决定路径进给率
CYCLE840(50,36, ,6,0,1,4,3,1, ,);      循环调用
M02;                                   程序结束
```

(2)带编码器攻螺纹。此程序用于在 XY 平面中的位置(X30,Y35)处的带编码器攻螺纹。攻螺纹轴是 Z 轴。必须定义螺距参数,旋转方向自动颠倒已编程。加工时使用补偿夹具。程序如下:

```
G90  G0  T11  D1  S500  M4;           技术值定义
G17  X30  Y35  Z60;                    接近钻削位置
CYCLE840(50,36, ,6,0,0,4,3,0,0,3.5);   循环调用
M02;                                   程序结束
```

5. CYCLE85——铰孔 1

格式:CYCLE85(RTP,RFP,SDIS,DP,DPR,DTB,FFR,RFF)

说明:

刀具按照编程的主轴速度和进给率铰孔,直至到达输入的最后铰孔深度,如图 3-39 所示。

其中:参数 RTP、RFP、SDIS、DP、DPR、DTB 的说明同 CYCLE82 指令

　　　FFR:Real　　　进给率
　　　RFF:Real　　　退回进给率

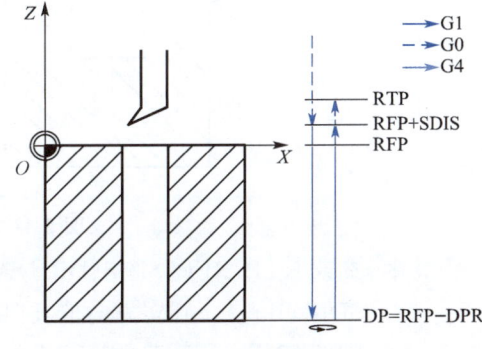

图 3-39　CYCLE85 铰孔 1

例3-6

CYCLE85指令在 XY 平面中的($X70,Y50$)处调用,铰孔轴是 Z 轴。循环调用中最后铰孔深度的值是作为相对值来编程的,未编程停顿时间,工件的上沿在 $Z102$ 处。如图 3-40 所示。程序如下:

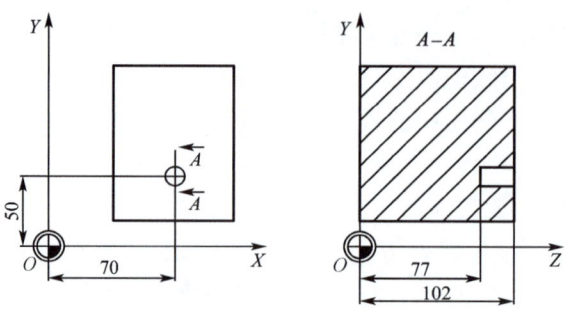

图 3-40 铰孔 1 实例

```
T11  D1;
G0  X70  Y50  Z105;                 接近铰孔位置
CYCLE85(105,102,2, ,25, ,300,450);  循环调用
M02;                                程序结束
```

6. CYCLE86——镗孔

格式:CYCLE86(RTP,RFP,SDIS,DP,DPR,DTB,SDIR,RPA,RPO,RPAP,POSS)

说明:

刀具按照编程的主轴速度和进给率镗孔,直至到达输入的最后镗孔深度,如图 3-41 所示。

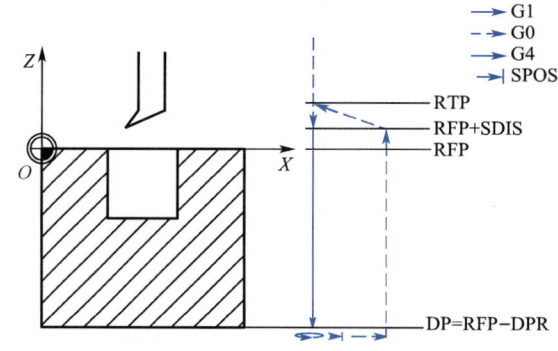

图 3-41 CYCLE86 镗孔

其中:参数 RTP、RFP、SDIS、DP、DPR、DTB 的说明同 CYCLE85 指令

  SDIR:Int 旋转方向值:3(用于 M3);4(用于 M4)
  RPA:Real 平面中第一坐标(横坐标)轴上的返回路径(增量,带符号输入)
  RPO:Real 平面中第二坐标(纵坐标)轴上的返回路径(增量,带符号输入)
  RPAP:Real 镗孔轴上的返回路径(增量,带符号输入)

POSS:Real　循环中定义主轴停止的位置(以度为单位)

例3-7

CYCLE86 指令在 XY 平面中的(X70,Y50)处调用,编程的最后镗孔深度为绝对值 Z77;未定义安全间隙;在最后镗孔深度处的停顿时间是 2 s,工件的上沿在 Z110 处。在此循环中,主轴以 M3 旋转并停在 45°位置。程序如下:

```
G0  G17  G90  F200  S300  M3;           技术值的定义
T11  D1  Z112;                          接近返回平面
X70  Y50;                               接近镗孔位置
CYCLE86(112,110, ,77,0,2,3,-1,-1,1,45); 使用绝对镗孔深度调用循环
M02;                                    程序结束
```

7. CYCLE89——带停止钻孔 2

格式:CYCLE89(RTP,RFP,SDIS,DP,DPR,DTB)

说明:

刀具按照编程的主轴速度和进给率钻孔,直至到达输入的最后钻孔深度。如果到达了最后钻孔深度,可以编程停顿时间,如图 3-42 所示。

其中:参数 RTP、RFP、SDIS、DP、DPR,DTB 的说明同 CYCLE85 指令。

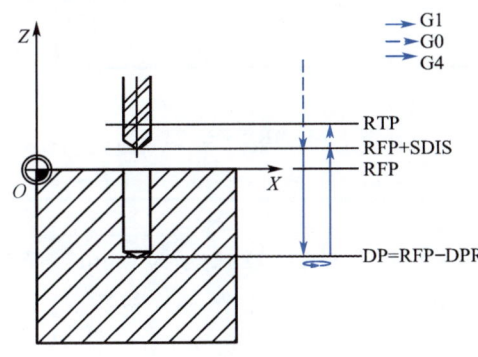

图 3-42　CYCLE89 带停止钻孔 2

例3-8

CYCLE89 指令在 XY 平面中的(X80,Y90)处调用,钻孔轴是 Z 轴,最后钻孔深度定义为绝对值;安全间隙为 5 mm。程序如下:

```
DEF  REAL  RFP,RTP,DP,DTB;              参数定义
RFP=102  RTP=107  DP=72  DTB=3;         定义值
G0  G17  G90  F100  S450  M3;           技术值的定义
X80  Y90  Z107;                         接近钻孔位置
CYCLE89(RTP,RFP,5,DP, ,DTB);            调用循环
M02;                                    程序结束
```

8. HOLES2——圆周孔

格式：HOLES2(CPA,CPO,RAD,STA1,INDA,NUM)

说明：

此循环可以加工圆周孔，加工平面必须在循环调用前定义。孔的类型由已被调用的钻孔循环决定，如图 3-43 所示。

其中：CPA：Real　　圆周孔的中心点（绝对值），平面的第一坐标轴（横坐标）
　　　　CPO：Real　　圆周孔的中心点（绝对值），平面的第二坐标轴（纵坐标）
　　　　RAD：Real　　圆周孔的半径（无符号输入）
　　　　STA1：Real　起始角，−180°＜STA1≤180°
　　　　INDA：Real　增量角
　　　　NUM：Int　　孔的数量

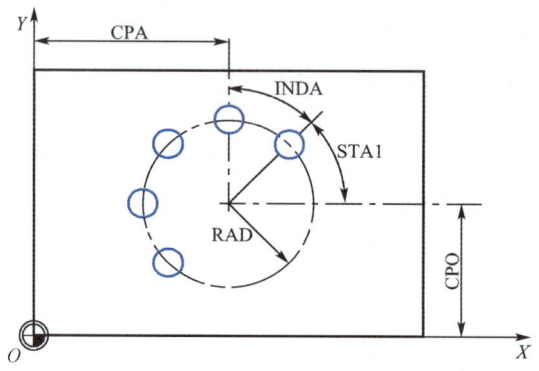

图 3-43　HOLES2 圆周孔

例3-9

使用 CYCLE82 指令加工 4 个孔，孔深为 30 mm。圆周由平面中的中心点 (X70,Y60) 和半径 42 mm 决定。起始角是 33°，钻孔轴 Z 的安全间隙是 2 mm，如图 3-44 所示。程序如下：

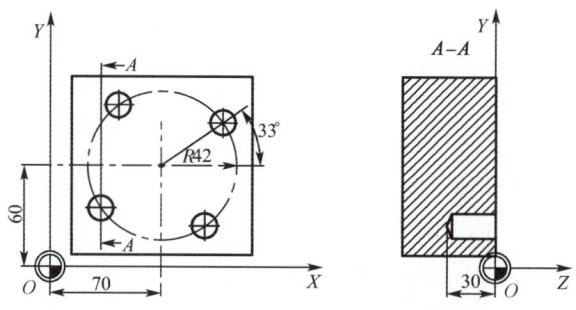

图 3-44　加工圆周孔实例

```
G90  F140  S170  M3  T1  D1;            技术值的定义
G17  G00  X50  Y45  Z2;                 回到起始位置
MCALL  CYCLE82(2,0,2, ,-30,0);          钻孔循环的形式调用,无停顿,未编程 DP
HOLES2(70,60,42,33,90,4);               调用圆周孔循环
MCALL;                                  取消形式调用
M02;                                    程序结束
```

9. CYCLE90——螺纹铣削

格式:CYCLE90(RTP,RFP,SDIS,DP,DPR,DIATH,KDIAM,PIT,FFR,CDIR,TYPTH,CPA,CPO)

说明:

使用 CYCLE90 指令可以加工内螺纹或外螺纹。铣削螺纹的路径需要螺旋插补。加工时,需使用循环调用前定义的当前平面中的三个几何轴,如图 3-45 所示。

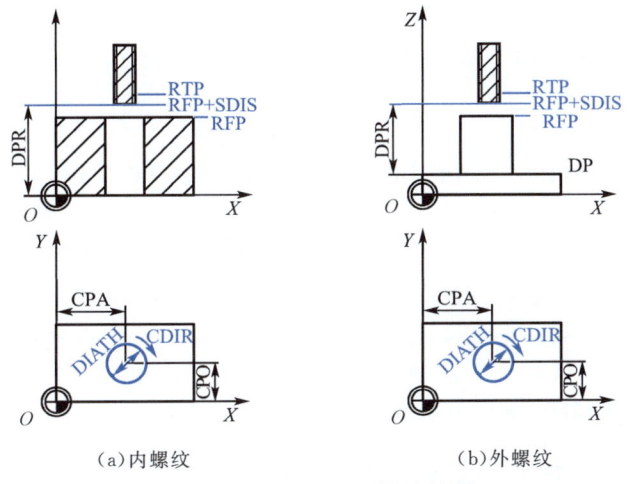

（a）内螺纹　　　　　　（b）外螺纹

图 3-45　CYCLE90 螺纹铣削

其中:参数 RTP、RFP、SDIS、DP、DPR 的说明同 CYCLE81 指令

DIATH:Real　　额定直径,螺纹外直径

KDIAM:Real　　中心直径,螺纹内直径

PIT:Real　　　螺纹螺距,范围值:0.001～2 000.000 mm

FFR:Real　　　螺纹铣削进给率(无符号输入)

CDIR:Int　　　螺纹铣削时的旋转方向值,2(使用 G2 铣削螺纹)或 3(使用 G3 铣削螺纹)

TYPTH:Int　　螺纹类型值:0=内螺纹;1=外螺纹

CPA:Real　　　圆心,平面的第一坐标轴(绝对值)

CPO:Real　　　圆心,平面的第二坐标轴(绝对值)

例3-10

CYCLE90指令在XY平面中的(X60,Y50)处调用,加工一个内螺纹,如图3-46所示。程序如下:

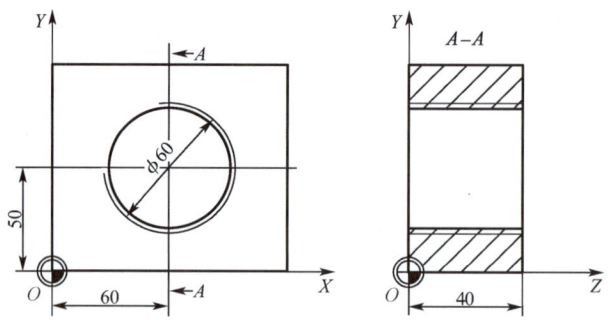

图3-46 内螺纹铣削实例

```
DEF  REAL  RFP=40,RTP=48,SDIS=5,DPR=40,DIATH=60,KDIAM=50;
DEF  REAL  PIT=2,FFR=500,CPA=60,CPO=50;
DEF  INT  CDIR=2,TYPTH=0;                        变量赋值
G0  G17  G90  X60  Y50  Z80  F100  S300  M3;     接近初始点位置
T5 D1;
CYCLE90(RTP,RFP,SDIS,DP,DPR,DIATH,KDIAM,PIT,FFR,CDIR,TYPTH,CPA,
        CPO);                                    循环调用
G0  G90  Z100;                                   循环结束后到达的位置
M02;                                             程序结束
```

四、SINUMERIK 840D 系统的数控铣床操作

1. SINUMERIK 840D sl 数控系统的操作面板

(1) 概览

用户可以为机床配备西门子机床操作面板或者机床制造商提供的专用机床操作面板。

通过机床操作面板(图3-47)可以向机床释放动作例如运行轴或者开始加工工件等。

① 字母区

单击按键的同时按住"Shift"键,可启用按键上的另一个字母。提示:根据控制系统的配置,原则上会写入大写字母。

② 数字区

单击按键的同时按住"Shift"键,可启用按键上的特殊字符。

③ 控制键区

④ 热键区

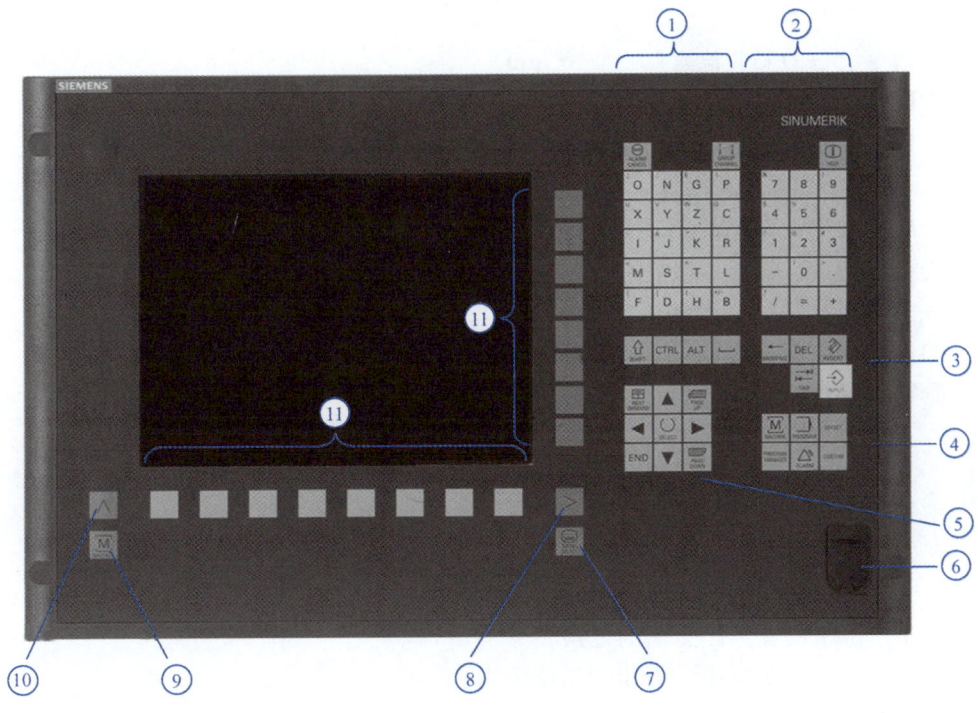

图 3-47 机床操作面板

⑤光标区
⑥USB 接口
⑦菜单选择键
⑧菜单扩展键
⑨加工区域键
⑩菜单返回键
⑪软键

(2)机床操作面板的操作单元

现在以机床操作面板(MCP 483C IE)(图 3-48)为例,介绍西门子机床操作面板典型的操作和显示单元。

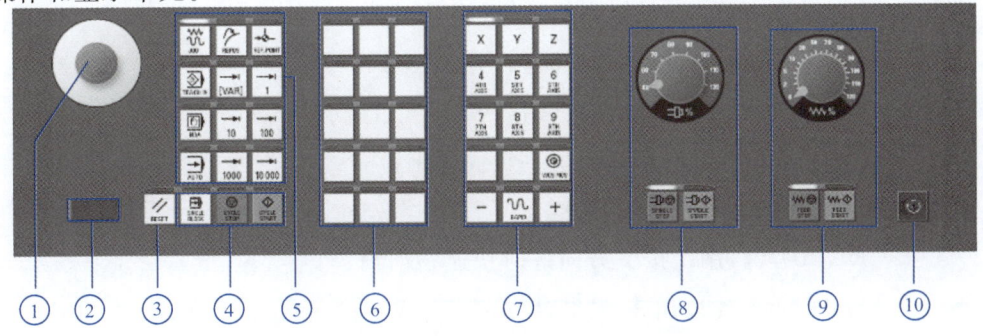

图 3-48 机床操作面板(MCP 483C IE)

①急停按钮
②指令设备的安装位置（$d = 16$ mm）
③RESET
④程序控制
⑤运行方式，机床功能
⑥用户自定义键（T1 至 T15）
⑦运行轴，带快速移动倍率和坐标转换
⑧主轴控制，带倍率旋钮
⑨进给轴控制，带倍率旋钮
⑩钥匙开关（四个权限）

（3）操作元件

①急停按钮

在下列情况下按下此按钮：
- 有生命危险时。
- 存在机床或者工件受损的危险。
- 所有驱动将采用最大可能的制动力矩停止。

②"RESET"键

在下列情况下按此键：
- 中断当前程序的处理。
- NCK 控制系统保持和机床同步；系统恢复了初始设置。
- 准备好再次运行程序。
- 删除报警。

③程序控制

——"SINGLE BLOCK"键，功能为打开/关闭单程序段模式。

——"CYCLE START"键，功能为也称为"NC 启动"键，功能为开始执行程序。

——"CYCLE START"键，也称为"NC 停止"键，功能为停止执行程序。

④运行方式及机床功能

——"JOG"键，按此键表示选择运行方式"JOG"。

——"MDA"键，按此键表示选择运行方式"MDA"。

——"AUTO"键，按此键表示选择运行方式"AUTO"。

——"REF POINT"键，按此键表示返回参考点。

⑤运行轴，带快速移动倍率和坐标转换

——"RAPID"键，用于按下方向键时快速移动轴。

——"WCS MCS"键，用于在工件坐标系（WCS）和机床坐标系（MCS）之间切换。

⑥主轴控制,带倍率旋钮

——"SPINDLE STOP"键,用于停止主轴。

——"SPINDLE START"键,用于启动主轴。

2. 操作界面

操作界面如图 3-49 所示。

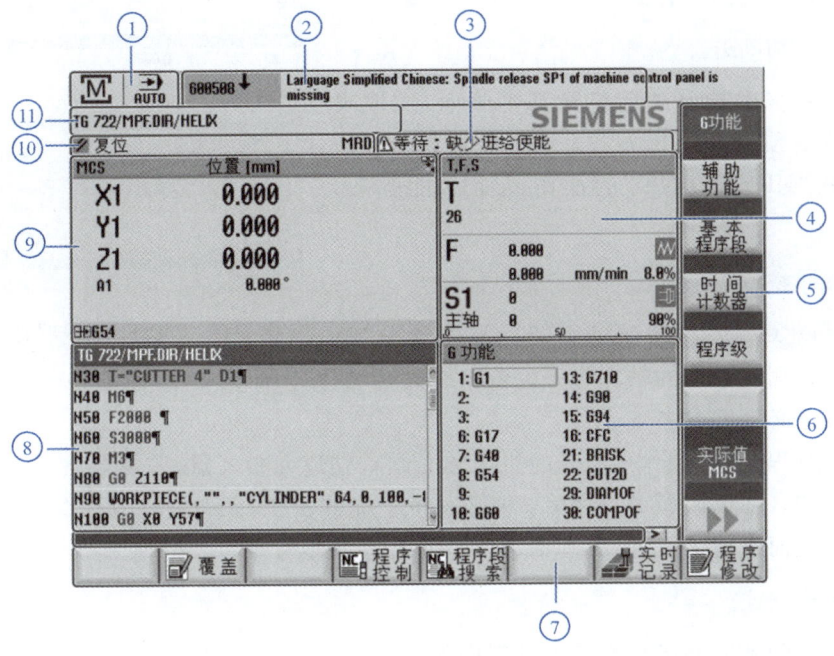

图 3-49 操作界面

屏幕划分:

①有效操作区域和运行方式

②报警/信息行

③通道运行信息

④显示

内容如下:

- 有效刀具(T)。
- 当前进给率(F)。
- 当前状态的生效主轴(S)。
- 主轴负载,以百分比表示。
- 当前生效刀架的名称,显示在空间和平面上的旋转。
- 当前生效的运动转换的名称。

⑤竖直软键栏

⑥显示有效 G 功能、所有 G 功能、辅助功能以及用于不同功能的输入窗口(例如跳转程序段、程序控制)

⑦水平软键栏
⑧加工窗口,带程序段显示
⑨实际值窗口中的轴位置显示
⑩通道状态和程序控制
⑪程序名

3. 数控铣床的运动方式

(1)接通和断开

在控制系统引导启动后打开基本画面,这取决于机床制造商预设的运行方式,一般情况下会打开子运行方式"REF POINT"的操作界面,如图 3-50 所示。

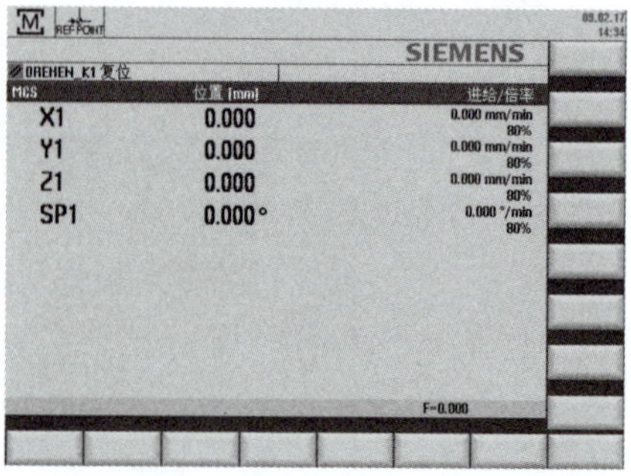

(2)返回参考点

机床可以装配绝对的或增量的行程测量系统。

图 3-50 "REF POINT"的操作界面

配备增量行程测量系统的轴在打开控制系统之后必须返回参考点,而配备绝对行程测量系统的轴则不必返回参考点。

在增量行程测量系统中,所有的机床轴必须首先返回参考点,该参考点参照于机床零点且坐标已知。在返回参考点之前,轴必须位于能够安全、无碰撞地返回参考点的位置。如果机床制造商进行了设置,所有轴也可以同时返回参考点。

(3)运行方式

可以在三种不同的运行方式下进行操作。

①运行方式"JOG"( )

运行方式"JOG"适用于以下的操作:

- 返回参考点,即加工轴即将返回参考点。
- 为机床在自动方式下执行程序做准备,即测量刀具、测量工件以及定义程序中使用的零点偏移。
- 移动轴,例如当程序中断时。
- 轴定位。

②运行方式"MDA"

在运行方式"MDA"下,可以用程序段方式输入和执行 G 代码命令,以便设置机床或执行单个操作。

③运行方式"AUTO"( )

在运行方式"AUTO"下,用户可以完整或部分执行程序。

4. 数控铣床的加工过程

(1)通电开机,回参考点

①将机床后面的电源开关旋至"ON"位置,按数控系统的"电源启动"按钮,接通电

源。机床工作指示灯亮,风扇启动,润滑泵、液压泵启动。

②旋开"急停"按钮,系统完成上电复位。

③选择"返回参考点"工作方式,先将 Z 轴回参考点,按下系统操作面板上的"＋Z"键,此时 Z 轴回参考点,Z 轴回参考点指示灯变亮。同样,再分别按下"＋X""＋Y"键,使 X 轴和 Y 轴回参考点,X 轴、Y 轴回参考点指示灯变亮。

(2)安装零件,设置工件坐标系

①安装精密平口钳(或 V 形块),并进行找正(详见数控铣床的加工过程)。

②安装零件(详见数控铣床的加工过程)。

③确定工件坐标系及对刀

- 进入对刀表(图 2-74)
- 建立新刀具

a.将光标移动到刀具表中的空行上,屏幕右侧的功能菜单中才会出现【新建刀具】软键,如图 3-51 所示。

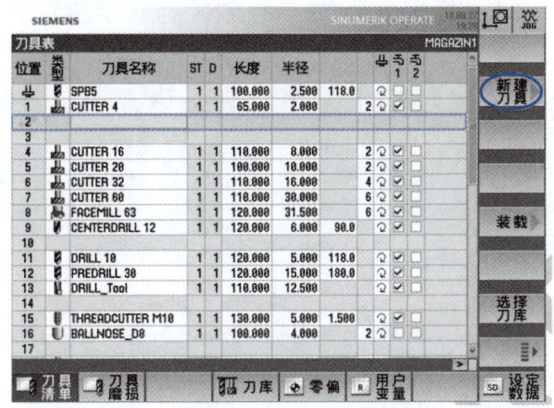

图 3-51　新建刀具

b.在刀具类型优选表中选择适合的刀具类型,并按下屏幕右下方的【确认】软键,如图 3-52 所示,之后填写刀具具体参数,如图 3-53 所示。

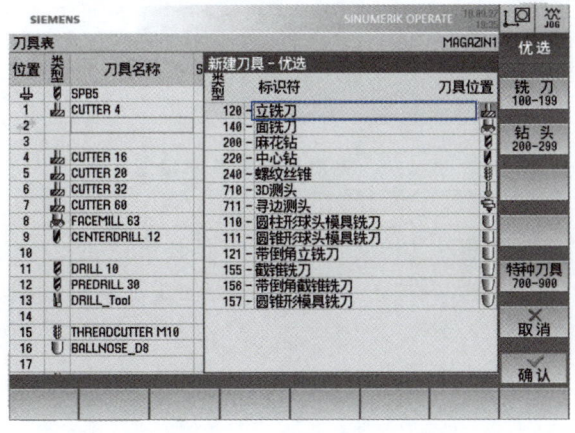

图 3-52　选择刀具种类

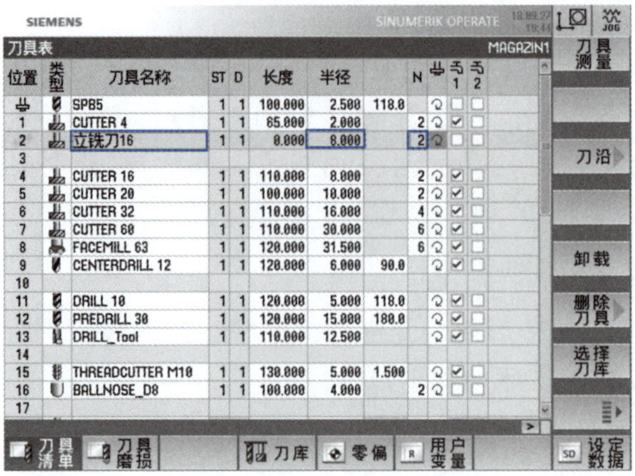

图 3-53 填写刀具具体参数

- 工件零偏的相关操作

a. 有效零偏

显示当前正在激活的工件原点的代号及其各主要零偏项目的偏移值,如图 3-54 所示。

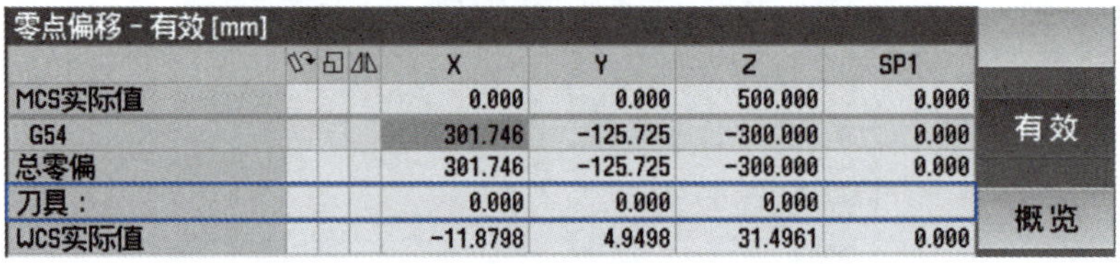

图 3-54 工件零偏的显示

b. 激活零偏

如图 3-55 所示,将光标置于"零偏"行,按下系统操作面板上的"选择"键 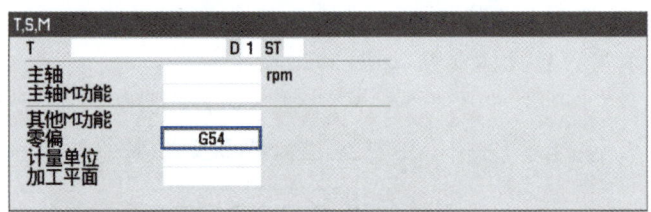,再按下机床操作面板上的"循环启动"键 。

图 3-55 查看铣床的基本设置

- 测量刀具

a. 这个功能主要用于测量刀具长度,在测量刀具长度之前必须先将待测刀具更换到主轴上。按下【测量刀具】软键,再按下屏幕右侧上方的【手动长度】软键,如图 3-56 所示。

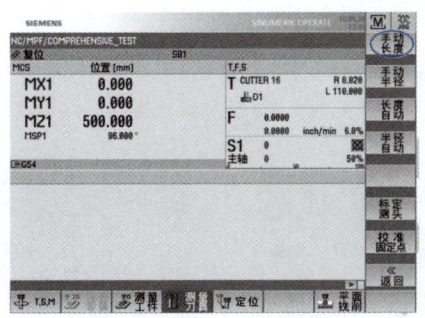

图 3-56 测量刀具长度

b. 进入手动长度测量界面以后,首先要将刀具沿 Z 轴移动到专门用于测定刀具长度的"固定点"的上表面,通常为了保护固定点的上表面不被刀具刃口伤及,可以在刀具与固定点之间放置一个厚度比较精准的标准量块进行间接接触,如图 3-57 所示。

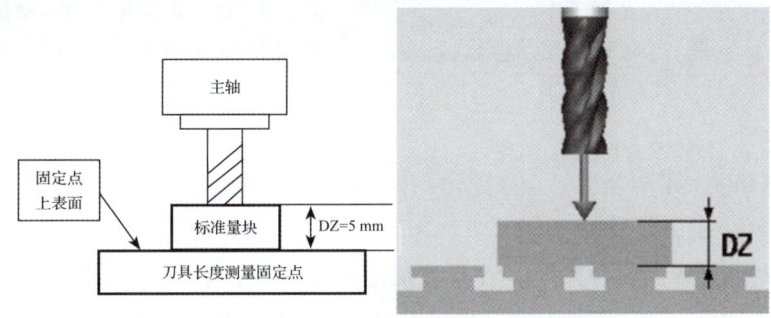

图 3-57 手动测量刀具长度

接着,将光标移动到"手动测量长度"窗口中的"参考点"处,并用"选择"键 将其切换为"固定点"模式。然后,将光标下移到 DZ 后面,填入量块的厚度值(单位:mm)。最后按下屏幕右侧的【设置长度】软键,测量后的刀具长度值会自动送入刀具表,如图 3-58 所示。

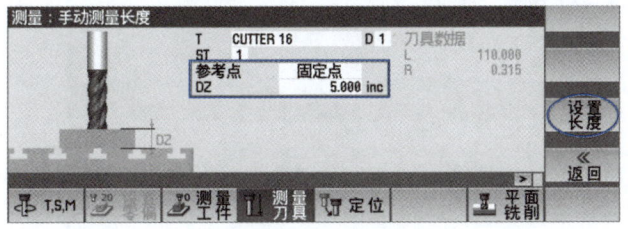

图 3-58 设置刀具长度

- 测量工件

a. 单点测量

这个功能通常用来借助已知长度的刀具确定工件原点的 Z 轴位置。与前面测量刀具相反,刀具长度必须已经测量完毕。用刀具尖端轻轻接触工件上表面,也可以在刀具和工件之间放置一个标准量块。

先按下屏幕下方的【测量工件】软键,再按下屏幕右侧的【Z】软键,选择测量 Z 向零点的模式,如图 3-59 所示。

接着,在"零偏"处用 ⊙键选择 G54,如果用了标准量块进行间接测量,就在"Z0"处填写量块厚度值,如图 3-60 所示。

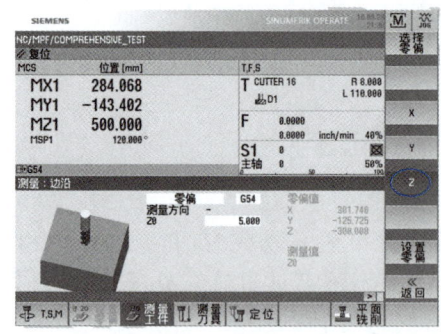

图 3-59　测量工件　　　　　图 3-60　确定工件原点的 Z 轴位置

最后,按下屏幕右侧【设置零偏】软键,G54 的 Z 向零点坐标自动计算完毕,并自动输入零偏表中 G54 的"Z"项中去。

- 四边分中

按下屏幕下方的【测量工件】软键,再按下屏幕右侧的【】软键,选择四边分中模式。

在"零偏"处选择 G54,"X0"和"Y0"处都填写为 0。

如图 3-61 所示,参照该图中左下角的帮助画面,用刀具边沿或者寻边器依次接触 P1、P2、P3 和 P4 位置点,每接触一点,就按下屏幕右侧的对应软键【保存 P1】【保存 P2】【保存 P3】【保存 P4】。

微课

数控铣床的分中对刀法

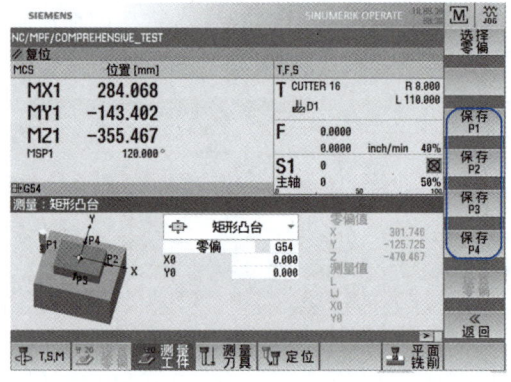

图 3-61　选择对刀模式为四边分中

最后,按下屏幕右侧下方的【设置零偏】软键,将直角拐点的位置写入零偏表中 G54 相应的位置中,如图 3-62 所示。

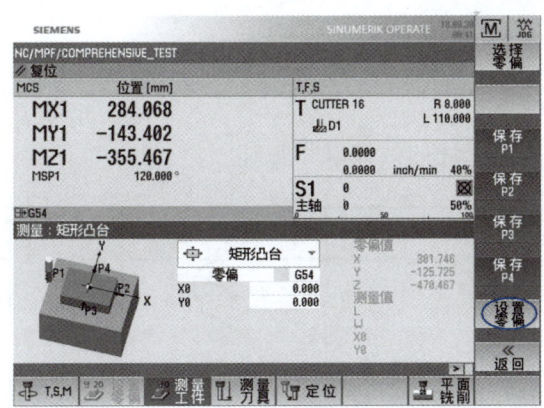

图 3-62 设置零偏

(3) 安装刀具,设置刀具补偿值

① 安装刀具

按照刀具卡片先将所使用的刀具和刀柄分别组装,准备好。

② 刀具补偿值输入

按"OFSET/SET"键切换刀具磨损补偿和刀具形状补偿的界面。由于刀具使用一段时间后磨损,会使产品尺寸产生误差,因此需要对刀具设定磨损量补偿。

(4) 编辑程序并试切

① 输入与修改程序。

② 空运行。将机床锁住,空运行程序,检查程序中可能出现的错误。

③ 单段运行,首件试切:降低进给倍率,选择"自动"工作方式和"单段"工作方式,按"循环启动"键运行程序。这样可以逐段检查程序,注意观察执行每一段程序时刀具的位置是否正确。

④ 首件试切完毕后,应对其进行全面检测,必要时进行适当的修改程序或调整机床,直到加工件全部合格后,程序编制工作才算结束。

(5) 加工零件

在"自动"工作方式下运行零件程序,进行零件的加工,这时应注意切削过程中个别零件尤其是铸件的加工余量不均匀,应适当调整"进给倍率旋钮",从而改变程序给定的进给速度。

(6) 检验零件,程序存档

卸下加工完毕的零件,进行机床清理和维护。零件加工过程中要对零件的关键工序尺寸进行逐项测量,避免精加工后才发现部分尺寸超差。

将调整好的程序输出到计算机中或使用其他方法记录存档,以备再次使用。

综合案例

完成图 3-63 所示铣削工件的数控编程与加工。

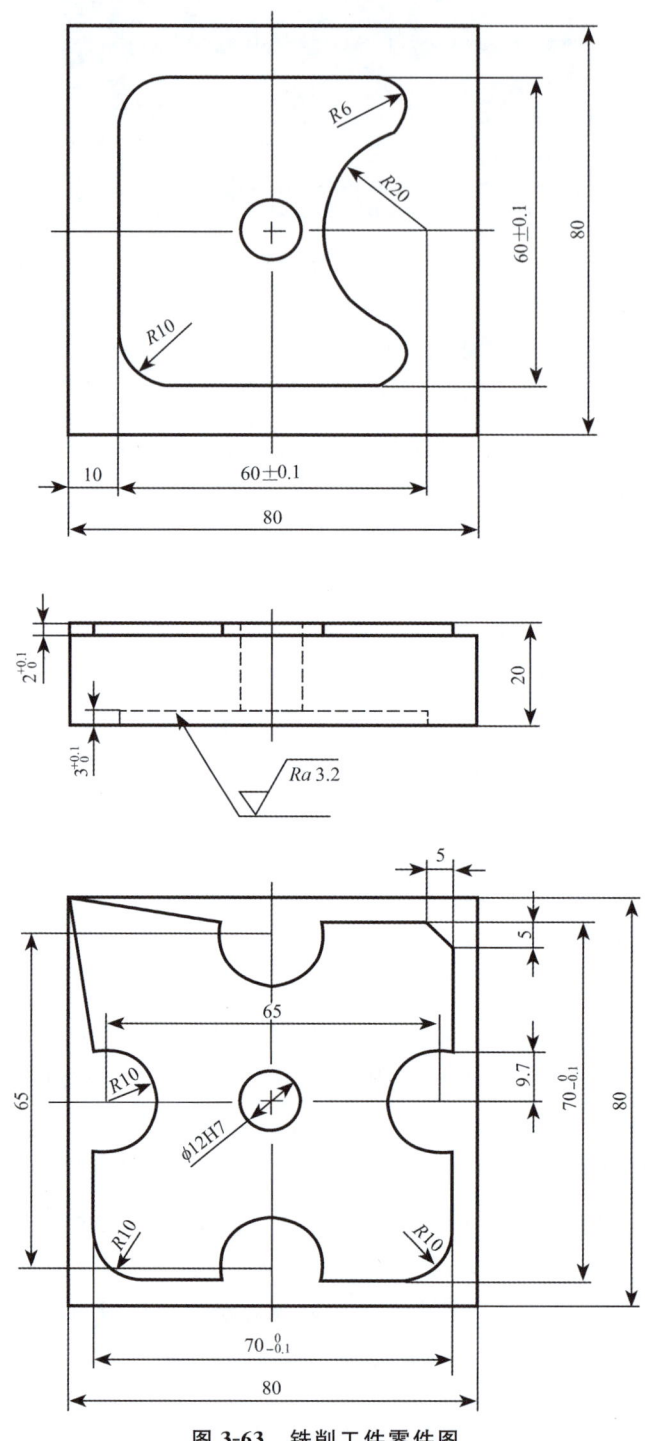

图 3-63 铣削工件零件图

1. 工艺分析

如图 3-65 所示工件,材料为 45 钢,毛坯为 80 mm×80 mm×20 mm 方形毛坯。分析零件的加工工艺,编制正面外轮廓凸台及底部型腔、中间孔洞的加工程序,并在数控铣床上完成加工。

(1)正面凸台结构、尺寸分析

工件轮廓由直线和 4 个 $R10$ mm 的圆弧构成,轮廓高度 2 mm;该轮廓表面粗糙度为 $Ra\ 3.2\ \mu m$,加工中需安排粗铣加工和精铣加工。

(2)底部型腔、中间孔洞结构、尺寸分析

工件底部由一个腔槽轮廓和一个 $\phi 12H7$ mm 通孔组成;腔槽内轮廓由直线和 $R6$ mm、$R10$ mm、$R20$ mm 的凹弧构成,腔槽深度为 3 mm。表面粗糙度为 $Ra\ 3.2\ \mu m$,加工中需要安排粗铣加工和精铣加工。

对于上述尺寸精度要求,主要通过加工过程中的准确装夹、准确对刀、正确设置刀补和磨耗及正确制定合适的加工工艺等措施来保证。

2. 装夹与定位

(1)装夹方式:平口钳装夹在工作台上,用百分表校正其位置,使钳口与铣床 X 方向平行;工件装夹在平口钳上,底部用垫块垫起,使加工表面高于钳口 5～10 mm。

(2)定位:建立工件坐标系,该零件工件坐标系建立在工件几何中心上。

3. 加工路线确定

(1)正面加工分析

基点坐标:加工中基点坐标计算采用刀具半径补偿功能,故只需计算工件轮廓上基点坐标即可,不需计算刀心轨迹及坐标。基点坐标如图 3-64、表 3-2 所示。

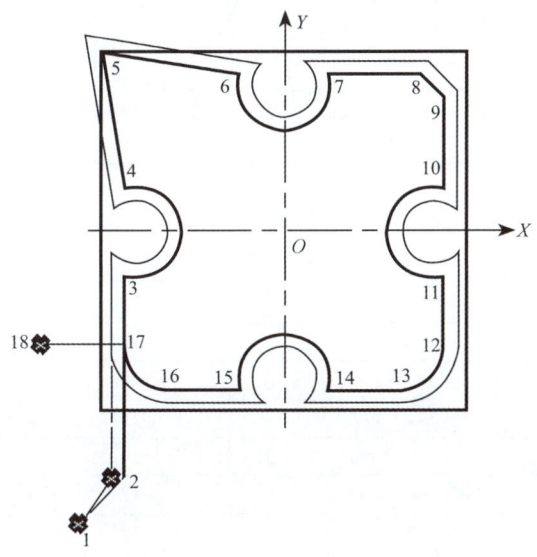

图 3-64 凸台走刀路线及基点图

表 3-2　　　　　　　　　　正面基点坐标计算

基点	坐标(X,Y)	基点	坐标(X,Y)
1	($-45,-60$)	10	($35,9.7$)
2	($-35,-50$)	11	($35,-9.7$)
3	($-35,-9.7$)	12	($35,-25$)
4	($-35,9.7$)	13	($25,-35$)
5	($-40,40$)	14	($9.7,-35$)
6	($-10,35$)	15	($-9.7,-35$)
7	($10,35$)	16	($-25,-35$)
8	($30,35$)	17	($-35,-25$)
9	($35,30$)	18	($-50,-25$)

(2)底部加工分析

基点坐标：不仅要计算基点 7、8、9、10、11、12、13、14 等坐标，还需计算环切余量时 1、2、3、4、5、6 的基点坐标。基点坐标可采用 CAD 软件来查找。基点坐标如图 3-65、表 3-3 所示。

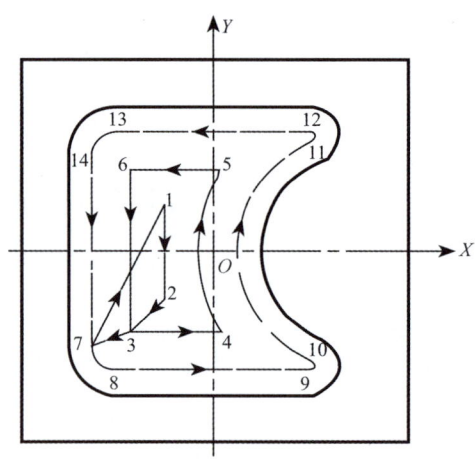

图 3-65　凹槽走刀路线及基点图

表 3-3　　　　　　　　　　底部基点坐标计算

基点	坐标(X,Y)	基点	坐标(X,Y)
1	($-10,10$)	8	($-20,-30$)
2	($-10,-10$)	9	($20,-30$)
3	($-17,-17$)	10	($22.308,-18.462$)
4	($1.716,-17$)	11	($22.308,18.462$)
5	($1.716,17$)	12	($20,30$)
6	($-17,17$)	13	($-20,30$)
7	($-30,-20$)	14	($-30,20$)

4. 工艺路线确定

(1) 正面加工工艺路线

四个圆弧轮廓直径为 ϕ20 mm，所选铣刀直径不得大于 ϕ20 mm，加工该零件选用直径为 ϕ16 mm 铣刀。粗加工选用键槽铣刀铣削，精加工用立铣刀侧面下刀铣平面，最后清除边角残留。铣削时，刀具由 1 点运行至 2 点，然后按 3→4→5→6→3→8→9→10→11→12→13→14→15→16→17 的顺序铣削加工。切除时由 17 点插补到 18 点，取消刀具半径补偿，如图 3-66 所示。

(2) 底部加工工艺路线

由于底部内轮廓加工余量不多，选择环切法并由里向外加工，加工中行距取刀具直径的 50%～90%，加工路线图如图 3-65 所示。刀具由 1→2→3→4→5→6→3→7→8→9→10→11→12→13→14→7→1 的顺序按环切方式加工；刀具在 3→7 时建立刀具半径补偿，加工结束时刀具从 7→1 过程中取消刀具半径补偿。最后用钻头和铣刀加工中间的 ϕ12 mm 通孔。

(3) 粗、精加工控制

通过修改刀具偏置存储器中的半径值来实现轮廓侧面粗、精加工。

5. 工艺规程的制订

(1) 正面铣削所用刀具见表 3-4。

表 3-4　　　　　　　　　　　刀具卡

名称或代号			零件名称		零件图号	
序号	刀具号	刀具名称及规格	数量	加工表面	刀具直径/mm	备注
1	T01	高速钢键槽铣刀	1	粗铣外轮廓，留加工余量 0.3 mm	ϕ16	
2	T02	高速钢立铣刀	1	精铣外轮廓	ϕ16	

(2) 正面铣削切削用量的选择见表 3-5。

表 3-5　　　　　　　　　　　工艺卡

数控加工工序卡		产品名称		零件名	零件图号
工序号	程序编号	夹具名称	夹具编号	使用设备	车间
工步号	工步内容	切削用量			刀具	
		主轴转速 n/ (r·mm^{-1})	进给速度 f/ (mm·min^{-1})	背吃刀量 a_p/mm	编号	名称
1	粗铣外轮廓，留精加工余量 0.3 mm	1 000	160	1.7	T01	ϕ16 mm 键槽铣刀
2	精铣外轮廓	1 200	100	0.3	T02	ϕ16 mm 立铣刀

(3)底部铣削所用刀具见表 3-6。

表 3-6　　　　　　　　　　　　刀具卡

产品名称或代号			零件名称		零件图号	
序号	刀具号	刀具名称及规格	数量	加工表面	刀具直径/mm	备注
1	T01	高速钢键槽铣刀	1	垂直进给	φ10	
				粗铣内轮廓	φ10	
2	T02	高速钢立铣刀	1	垂直进给	φ10	
				精铣内轮廓	φ10	
3	T03	中心钻	1	点孔加工	φ4	
4	T04	钻刀	1	钻孔加工	φ11.8	
5	T05	铰刀	1	铰孔加工	φ12	

(4)底部铣削切削用量的选择见表 3-7。

表 3-7　　　　　　　　　　　　工序卡

数控加工工序卡		产品名称		零件名	零件图号
工序号	程序编号	夹具名称	夹具编号	使用设备	车间
工步号	工步内容	切削用量		刀具	
		主轴转速 $n/$ $(r \cdot mm^{-1})$	进给速度 $f/$ $(mm \cdot min^{-1})$	背吃刀量 a_p/mm	编号	名称	
1	垂直进给,深度留 0.3 mm 余量	1 000	120	2.7	T01	φ10 mm 键槽铣刀	自动
2	粗铣内轮廓,内轮廓留 0.3 mm 余量	1 000	100	2.7			
3	垂直进给	1 200	100	0.3	T02	φ10 mm 立铣刀	自动
4	精铣内轮廓	1 200	120	0.3			
5	打中心孔	1 200	120		T03	φ4 mm 中心钻	自动
6	钻孔	600	100		T04	φ11.8 mm 麻花钻	自动
7	铰孔	250	30		T05	φ12 mm 铰刀	自动

6. 用 FANUC 0i-F 系统完成该零件的数控程序的编制

(1)正面外轮廓铣削参考程序见表 3-8,正面外轮廓铣削参考子程序见表 3-9。

表 3-8　正面外轮廓铣削参考程序

程序	说明
O0001；	程序名
G54 G17 G90 G40；	调用工件坐标系,绝对坐标编程
M03 S1000 T01 M08；	开启主轴,开冷却液
G00 Z100；	将刀具快速定位到初始平面
X－45 Y－60；	快速定位到 1 点上方
Z5；	快速定位到 R 平面
G01 Z－1.7 F160；	进刀
M98 P0010；	调用子程序,粗加工轮廓
G00 Z100；	抬刀
M05；	主轴停止
M00；	程序停
T02；	换精铣刀具
M03 S1200；	设置精加工参数
G00 X－45 Y－60；	快速定位到 1 点上方
Z5；	快速定位到 R 平面
G01 Z－2 F100；	下刀至 2 mm 深度
M98 P0010；	调用子程序,精加工轮廓
G00 Z100；	快速返回到初始平面
X0 Y0；	返回到工件原点
M09；	切削液关
M05；	主轴停
M30；	程序结束

表 3-9　正面外轮廓铣削参考子程序

程序	说明
O0010；	程序名
G00 G41 X－35 Y－50 D01；	建立刀具半径左补偿
G01 Y－9.7；	加工至 3 点
G03 Y9.7 R－10；	加工至 4 点
G01 X－40 Y40；	加工至 5 点
X－10 Y35；	加工至 6 点
G03 X10 R－10；	加工至 7 点
G01 X30 Y35；	加工至 8 点
X35 Y30；	加工至 9 点

续表

程序	说明
Y9.7;	加工至 10 点
G03 Y－9.7 R－10;	加工至 11 点
G01 X35 Y－25;	加工至 12 点
G02 X25 Y－35 R10;	加工至 13 点
G01 X9.7;	加工至 14 点
G03 X－9.7 R－10;	加工至 15 点
G01 X－25;	加工至 16 点
G02 X－35 Y－25 R10;	加工至 17 点
G01 G40 X－50 Y－25;	取消半径补偿,至 18 点
M99;	子程序结束

(2)底部内轮廓铣削参考程序见表 3-10,底部内轮廓铣削参考子程序见表 3-11。

表 3-10　　　　　　　　底部内轮廓铣削参考程序

程序	说明
O0002;	程序名
G54 G17 G90 G40;	调用工件坐标系,绝对坐标编程
M03 S1000 T01;	开启主轴,刀具号 T01
G00 Z100;	将刀具快速定位到初始平面
X－10 Y10;	空间快速移动至 1 点上方
Z5;	快速定位到 R 平面
G01 Z－2.7 F120;	下刀
M98 P0011;	调用子程序,粗加工轮廓
G00 Z100;	抬刀
M05;	主轴停止
M00;	程序暂停
M03 S1200 T02;	换精铣刀具
G00 X0 Y10;	空间快速移动至(X0,Y10)处
Z5;	快速定位到 R 平面
G01 X－10 Z－3 F100;	斜坡下刀至 1 点
M98 P0011;	调用子程序,精加工轮廓
G00 Z100;	抬刀
M09;	切削液关
M05;	主轴停
M30;	程序结束

表 3-11　　　　　　　　　　底部内轮廓铣削参考子程序

程序	说明
O0011；	程序名
G01 X－10 Y－10 F100；	从 1 点加工至 2 点
X－17 Y－17；	加工至 3 点
X1.716；	加工至 4 点
G02 Y17 R35；	加工至 5 点
G01 X－17；	加工至 6 点
Y－17；	加工至 3 点
G41 X－30 Y－20 D01；	建立半径补偿至 7 点
G03 X－20 Y－30 R10；	加工至 8 点
G01 X20；	加工至 9 点
G03 X22.308 Y－18.462 R6；	加工至 10 点
G02 Y18.462 R20；	加工至 11 点
G03 X20 Y30 R6；	加工至 12 点
G01 X－20；	加工至 13 点
G03 X－30 Y20 R10；	加工至 14 点
G01 Y－20；	加工至 7 点
G40 X－10 Y10；	移动到 1 点并取消刀补
M99；	子程序结束

(3)孔加工参考程序见表 3-12。

表 3-12　　　　　　　　　　孔加工参考程序

程序	说明
O0003；	程序名
G54 G17 G90 G40；	调用工件坐标系,绝对坐标编程
M03 S1200 T03 M08；	开启主轴,刀具号 T03,开冷却液
G43 Z20 H03；	执行长度补偿,Z 方向快进至安全高度
G81 G99 X0 Y0 Z－3 R5 F120；	加工孔
G00 Z150 M09；	取消固定循环,Z 轴快速定位,冷却液停
M05；	主轴停转
M00；	程序暂停,手动换 4 号刀具麻花钻
M03 S600；	主轴正转
G43 G00 Z100 H4 M08；	Z 轴快速定位,调用刀具长度补偿,冷却液开
X0 Y0；	X,Y 轴快速定位
G83 G99 Z－25 R5 Q5 F100；	钻孔
G00 Z150 M09；	取消固定循环,Z 轴快速定位,冷却液停

续表

程序	说明
M05;	主轴停转
M00;	程序暂停,手动换5号刀具铰刀
M03 S250;	主轴正转
G43 G00 Z100 H5 M08;	Z轴快速定位,调用刀具长度补偿,冷却液开
X0 Y0;	X、Y轴快速定位
G85 G99 Z-25 R2 F30;	铰孔
G00 Z150 M09;	取消固定循环,Z轴快速定位,冷却液停
M05;	主轴停
M30;	程序结束

7. 工件的检测评价

任务评价应包括程序评分、工艺评分、安全文明生产评分、质量检测评分(表 3-13、表 3-14)以及教师与学生评价。

表 3-13　　　　正面外轮廓质量检测评分表

项目与配分	序号	技术要求/mm	配分	评分标准	检测结果	得分
长度	1	2 处 $70_{-0.1}^{0}$	10	超差 0.01 mm 扣 1 分		
	2	$2_{0}^{+0.1}$	6	超差 0.01 mm 扣 1 分		
	3	2 处 9.7	4	超差 0.01 mm 扣 1 分		
	4	2 处 65	4	超差 0.01 mm 扣 1 分		
	5	2 处 5	4	超差 0.01 mm 扣 1 分		
圆弧	6	6 处 $R10$	12	不合格无分		
孔	7	$\phi 12H7$	10	不合格无分		
总分						

表 3-14　　　　反面内轮廓质量检测评分表

工件质量检测评分表(50 分)

项目与配分	序号	技术要求/mm	配分	评分标准	检测结果	得分
长度	1	2 处 60 ± 0.1	15	超差 0.01 mm 扣 1 分		
	2	$3_{0}^{+0.1}$	6	超差 0.01 mm 扣 1 分		
	3	10	4	超差 0.01 mm 扣 1 分		
圆弧	4	2 处 $R10$	9	不合格无分		
	5	2 处 $R6$	9	不合格无分		
	6	$R20$	7	不合格无分		
总分						

综合练习

用 SINUMERIK 840D 系统完成图 3-66 所示工件的数控编程与加工。

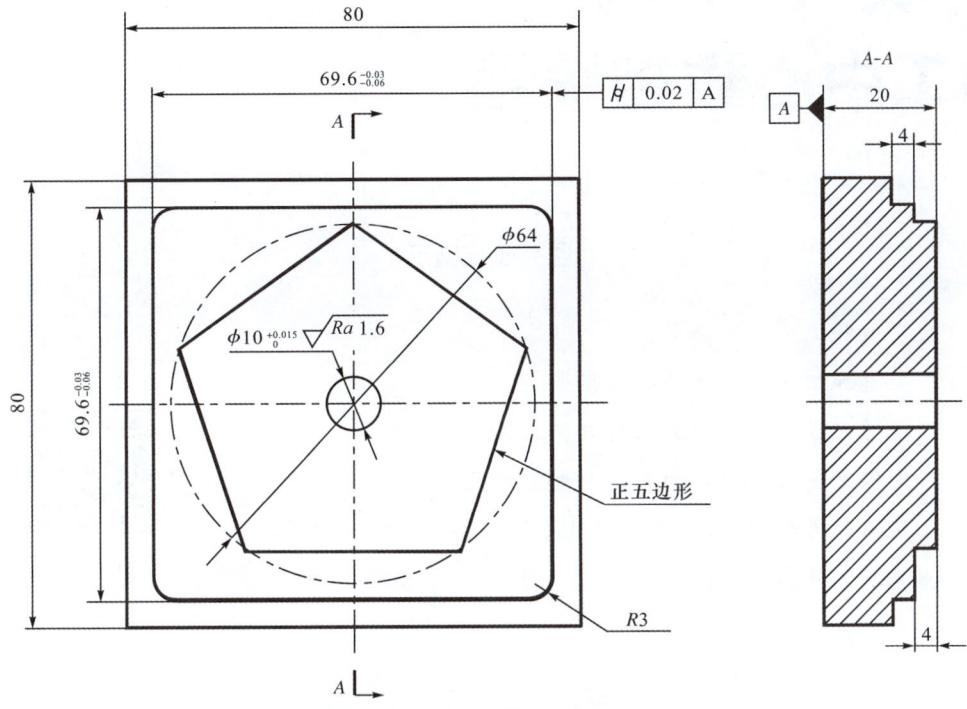

图 3-66 工件零件图

模块 4
加工中心数控编程

学习目标

1. 了解加工中心的分类。
2. 熟悉加工中心特有的编程指令。
3. 能够完成加工中心加工的典型零件工艺分析。
4. 能够完成加工中心加工的典型零件数控编程。
5. 传承工匠精神,培养学生执着专注、精益求精、一丝不苟、追求卓越的工作态度。

素养提升

>>> 4.1 加工中心简介 <<<

　　加工中心是指备有刀库,具有自动换刀功能,对工件一次装夹后进行多工序加工的数控机床。加工中心是高度机电一体化的产品,工件装夹后,数控系统能控制机床按不同工序自动选择、更换刀具、自动对刀、自动改变主轴转速和进给量等,可连续完成钻、镗、铣、铰、攻螺纹等多种工序。因而大大减少了工件装夹时间、测量和机床调整等辅助工序时间,对加工形状比较复杂、精度要求较高、品种更换频繁的零件具有良好的经济效果。

　　加工中心是典型的集高新技术于一体的机械加工设备,它的发展代表了一个国家设计和制造业的水平,在国内外企业界受到高度重视,已成为现代机床发展的主流和方向。

一、加工中心与数控铣床的区别

(1)外形上,加工中心比数控铣床多了一个刀库。
(2)功能上,加工中心比数控铣床多了自动换刀和主轴定向装置。
(3)编程上,加工中心多以自动编程为主,数控铣床多以手工编程为主。
(4)结构上,在电气控制和 PLC 中差别比较大。

(5)应用上,加工中心比较适应于流水线的产品加工,而数控铣床则经常用于模具等零件的加工。

二、加工中心的分类

1. 按主轴在空间所处的状态

加工中心按主轴在空间所处的状态分为立式加工中心、卧式加工中心和五面加工中心。

立式加工中心的主轴为竖直状态,如图 4-1 所示,其结构形式多为固定立柱,工作台为长方形,无分度回转功能。它一般具有三个直线运动坐标轴,并可在工作台上安装一个沿水平轴旋转的回转台,用以加工螺旋线类零件。立式加工中心装夹方便,便于操作,易于观察加工情况,调试程序容易,应用广泛。但受立柱高度及换刀装置的限制,不能加工太高的零件。在加工型腔或下凹的型面时,切屑不易排出,严重时会损坏刀具,破坏已加工表面,影响加工的顺利进行。立式加工中心主要适用于加工板类、盘类、模具及小型壳体类复杂零件。

(a)   (b)

图 4-1 立式加工中心

卧式加工中心的主轴为水平状态,如图 4-2 所示,通常都带有自动分度的回转工作台,一般具有三至五个运动坐标,常见的是三个直线运动坐标加一个回转运动坐标,在工件一次装夹后,能完成除安装面和顶面以外的其余四个表面的加工。与立式加工中心比较,卧式加工中心加工时排屑容易,对加工有利,但结构复杂,价格较高。卧式加工中心主要适用于加工箱体类零件。

图 4-2 卧式加工中心

五面加工中心的主轴可做垂直和水平转换,也称为立卧式加工中心或复合加工中心。如图 4-3 所示。它有两个或三个主轴头,即立式和卧式主轴头,有的五面加工中心还带有可倾斜一定角度的主轴头,用于加工斜孔或斜面。工件一次装夹后能完成除安装面以外的其余五个面的加工。

2. 按其加工工序

加工中心按其加工工序分为镗铣加工中心、车削加工中心和车铣复合加工中心。

车铣复合加工中心既有在数控车床基础上开发出来的,也有在立式加工中心基础上开发出来的,具有双主轴、双刀架、双 C 轴和 W 轴,共 7 轴,可实现两组三联动全闭环控制。对回转体零件一次装夹可完成车削、分度偏心钻削、定位铣削等多道工序,即 1 台车铣复合加工中心能完成 2 台数控车床的加工工序,提高效率 1 倍,且因能减少二次安装误差而提高了精度。也能实现零件一次装夹,完成复杂结构和复杂型面零件的多道工序加工。

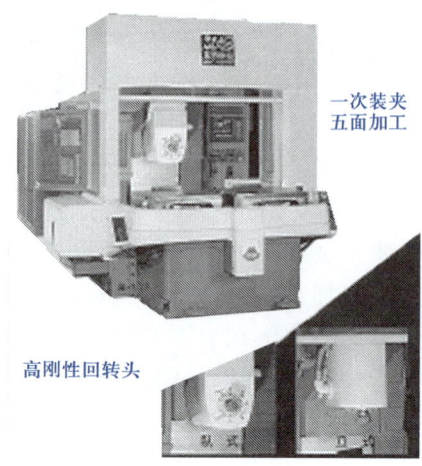

图 4-3　五面体加工中心

3. 按运动坐标数和同时控制的坐标数

加工中心按运动坐标数和同时控制的坐标数分有三轴二联动、三轴三联动、四轴三联动、五轴四联动、六轴五联动等。

三轴、四轴是指加工中心具有的运动坐标数,联动是指控制系统可以同时控制运动的坐标数,从而实现刀具相对工件的位置和速度控制,适用于具有复杂空间曲面的叶轮转子、模具、刃具等工件的加工。

4. 按立柱的数量

加工中心按立柱的数量分有单柱式和双柱式(龙门式)。

龙门式加工中心形状与数控龙门铣床相似,如图 4-4 所示。主轴多为竖直设置,除自动换刀装置外,还带有可更换的主轴头附件,数控装置的功能也较齐全,能够一机多用,适用于大型和形状复杂的零件加工。

图 4-4　龙门式五面加工中心

三、自动换刀装置

自动换刀装置的结构取决于机床的类型、工艺范围及刀具的种类和数量等，主要分回转刀架和带刀库的自动换刀装置两种形式。

回转刀架结构简单，维护方便，主要用在数控车床和车削加工中心上。

加工中心的自动换刀装置由刀库和换刀机构组成，是按照加工需要，自动地更换装在主轴上的刀具。自动换刀装置是一套独立、完整的部件。

1. 换刀机构

换刀机构在机床主轴和刀库之间交换刀具，多用机械手，也有主轴直接与刀库交换刀具的，称为无臂式换刀装置。

带机械手臂的自动换刀装置是多工序数控机床上应用最广泛的换刀装置。其整个换刀过程较复杂，首先把加工过程中需要使用的全部刀具分别安装在标准刀柄上，在机外进行尺寸预调后，按一定的方式放入刀库。换刀时，先在刀库中进行选刀，并由机械手从刀库和主轴上取出刀具，在进行刀具交换后，将新刀具装入主轴，把旧刀具放回刀库。存放刀具的刀库有较大的容量，既可以安装在主轴箱的侧面或上方，也可以作为独立部件安装在机床以外。

2. 刀库的种类

加工中心上使用的刀库有盘式刀库、链式刀库和格子式刀库等。盘式刀库如图4-5所示，具有控制方便、结构简单、紧凑、刚性好的特点，通常存放刀具不超过36把。链式刀库如图4-6所示，可以安装几十把甚至上百把刀具，占用空间较大，选刀时间较长。一般用在多通道控制的加工中心，通常加工过程和选刀过程同时进行。格子式刀库中刀具分成几排以直线方式排列，由纵、横向移动的取刀机械手完成选刀运动，将选取的刀具送到固定换刀位置的刀座上，由换刀机械手交换刀具。刀具排列密集，空间利用率高，刀库容量大，适用于柔性制造单元和柔性制造系统。

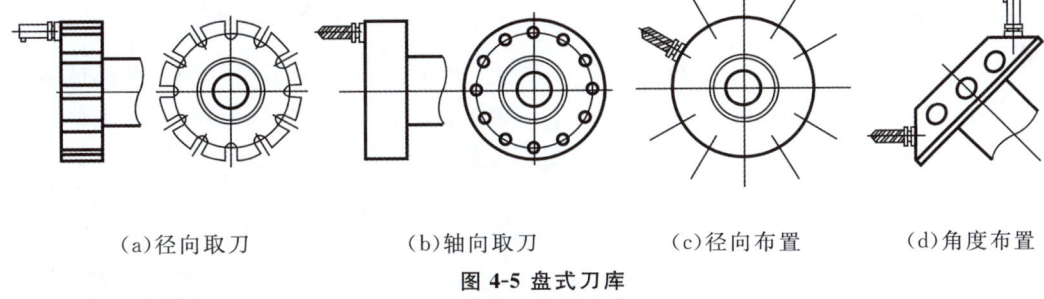

(a)径向取刀　　　　(b)轴向取刀　　　　(c)径向布置　　　　(d)角度布置

图 4-5 盘式刀库

3. 换刀过程

自动换刀装置的换刀过程由选刀和换刀两部分组成。

选刀是刀库按照选刀指令自动将要用的刀具移动到换刀位置，完成选刀过程，为之后换刀做好准备。换刀是把主轴上用过的刀具取下，将选好的刀具安装在主轴上。现在采用记忆式的换刀方式，这种方式能将刀具号和刀库中的刀套位置（地址）对应地记忆在数控系统的PC中，不论刀具放在哪个刀套内都始终记忆着它的踪迹，刀库上装有位置检测

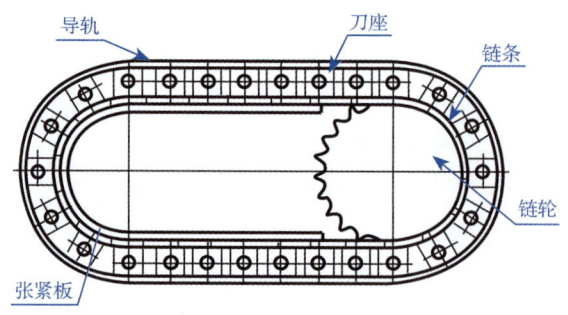

图 4-6 链式刀库

装置,可检测出每个刀套的位置,这样刀具可任意取出并送回,刀库上设有机械原点,每次选刀时,可就近选取。

四、加工中心的主要加工对象

加工中心适用于形状复杂、工序多、精度要求高、需用多种类型普通机床经过多次装夹才能完成加工的零件。其主要加工对象有以下五类:

(1)箱体类零件

箱体类零件一般指具有一个以上孔系,内部有一定型腔,在长、宽、高方向有一定比例的零件。这类零件在机械、汽车、飞机等行业应用较多,如汽车的发动机缸体、变速箱体,机床的床头箱、主轴箱箱体,柴油机缸体,齿轮泵壳体等。箱体类零件一般都需要进行多工位孔系及平面加工,定位精度要求较高,特别是几何公差要求较为严格,在普通机床上加工,需要多次装夹和找正,测量次数多,导致工艺复杂、加工周期长、成本高、加工精度难以保证。这类零件在加工中心上加工,一次装夹可以完成普通机床60%~95%的工序内容,零件各项精度一致性好,质量稳定,同时可缩短生产周期,降低成本。

(2)复杂曲面类零件

复杂曲面类零件如飞机、汽车的外形件、叶轮、螺旋桨、各种成型模具等。在机械制造业,特别是航空航天、汽车、船舶、国防工业中占有重要地位。复杂曲面类零件采用普通机械加工方法是非常困难的,有些甚至无法加工。这类零件是加工中心的主要加工对象之一。

(3)异形件

异形件是外形不规则的零件,大多需要点、线、面多工位混合加工。加工异形件时,形状越复杂,精度要求越高,使用加工中心越能显示其优越性。如手机外壳产品试制与模具加工。

(4)盘、套、板类零件

盘、套、板类零件包括带有键槽和径向孔,端面分布有孔系、曲面的盘类和轴类零件,如带法兰的轴套,带有键槽或方头的轴类零件等;具有较多孔加工的板类零件,如各种电机盖等。此类零件在加工中心上进行产品开发和模具加工,可以大大提高加工效率和精度。

(5)特殊加工

在熟练掌握了加工中心的功能之后,配合一定的工装和专用工具,利用加工中心可完成一些特殊的工艺内容,例如在金属表面刻字、刻线、刻图案;主轴上安装高频电火花电源,可对金属表面进行线扫描表面淬火;在加工中心上装高速磨头,可进行各种曲线、曲面的磨削等。

4.2 自动换刀与主轴准停

一、自动换刀

自动换刀过程由选刀和换刀两部分组成。

1. 刀具选择

刀具选择是把刀库上指定了刀号的刀具转到换刀位置,为下次换刀做好准备。这一动作的实现是通过选刀指令——T 功能指令实现的。

2. 刀具交换

刀具交换是指刀库上正位于换刀位置的刀具与主轴上的刀具进行自动换刀。这一动作的实现是通过换刀指令——M06 指令实现的。执行 M06 指令,主轴先自动回参考点(换刀位置),为换刀做好准备,再进行换刀。

二、FANUC 系统主轴准停指令应用

1. 刚性攻螺纹

加工中心的主轴不像钻床可以自由伸出,若用丝锥攻螺纹,主轴的运动必须与丝锥加工的进给速度一致,即主轴运动速度=螺距×主轴转速,否则会造成乱牙。

G74 为左攻螺纹指令,G84 为右攻螺纹指令。G74 指令要和 M4 指令配合使用,G84 指令要和 M3 指令配合使用。刚性攻螺纹可以主轴准确定位之后再进行,这样用一个丝锥反复多次攻同一个牙,即用同一个丝锥进行粗攻和精攻。

M29 为刚性攻螺纹指令,在攻螺纹循环 G84 或反攻螺纹循环 G74 前指令 M29,则机床进入刚性攻螺纹模态。由于刚性攻螺纹循环中,主轴转速和 Z 轴的进给严格成比例同步,可以使用刚性夹持的丝锥进行螺纹孔的加工,并且还可以提高螺纹孔的加工速度,提高加工效率。

M28 为取消刚性攻螺纹指令。使用 G80 和 01 组 G 代码都可以解除刚性攻螺纹模态,另外复位操作也可以解除刚性攻螺纹模态。

例4-1

对图4-7中的4个孔进行攻螺纹,攻螺纹深度为8 mm,选10 mm丝锥,导程为2 mm。其数控加工程序为

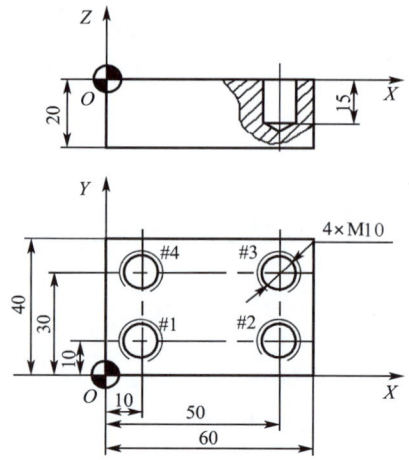

图 4-7 加工螺纹孔零件实例

O0004；
G54 G90；
T1 D1 M06；
G43 G00 Z30 H01 M08；
G00 X10 Y10；
M29 S150 M03；
G98 G84 Z－8 R5 F300；
X50；
Y30；
X10；
G80；
G00 Z30；
M05；
G00 X0 Y0；
M30；

使用刚性攻螺纹循环需注意以下事项：

①G74或G84中指令的进给速度 F 值与主轴转速 S 值的比值(F/S)即螺纹孔的螺距值。

②主轴转速 S 值必须小于5241号参数指定的值,否则执行固定循环指令时将出现编程报警。

③进给速度 F 值必须小于切削进给的上限值 4 000 mm/min 即1430号参数规定值,

否则将出现编程报警。

④在 M29 指令和固定循环的 G 指令之间不能有 S 指令或任何坐标运动指令。

⑤不能在攻螺纹循环模态下指令 M29。

⑥不能在取消刚性攻螺纹模态后的第一个程序段中执行 S 指令。

⑦不要在试运行状态下执行刚性攻螺纹指令。

2. G76——精镗固定循环指令

格式：G76　X＿　Y＿　Z＿　R＿　P＿　Q＿　F＿

说明：

G76 指令在孔底有三个动作，即进给暂停、主轴定向停止、刀具沿刀尖所指的反方向偏移 Q 值，然后快速退出。这样可以保证高精度、高效率地完成孔加工而又不划伤工件表面。精镗孔加工动作如图 4-8 所示。

3. G87——背镗孔固定循环指令

格式：G87　X＿　Y＿　Z＿　R＿　Q＿　F＿

说明：

刀具运动到初始点后，主轴定向停止，刀具沿刀尖所指的反方向偏移 Q 值，然后快速运动到孔底位置，接着沿刀尖所指方向偏移 Q 值，主轴正转，刀具向上做进给运动，到 R 点，主轴又定向停止，刀具沿刀尖所指的反方向偏移 Q 值，快退，沿刀尖所指正方向偏移 Q 值回到初始点，主轴正转，本加工循环结束。背镗孔加工动作如图 4-9 所示。

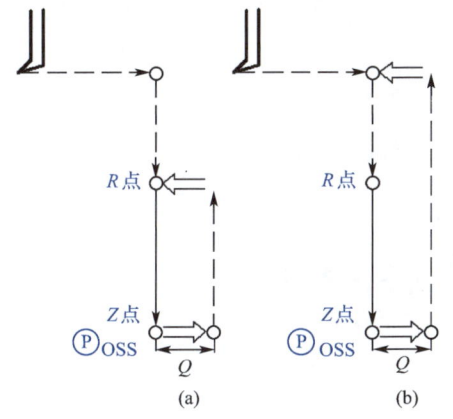

图 4-8　G76 精镗固定循环

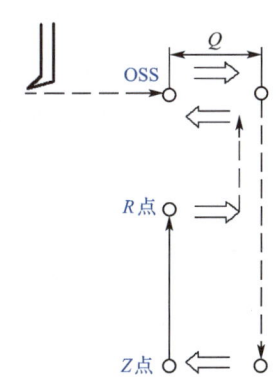

图 4-9　G87 背镗孔固定循环

三、螺旋切削

螺旋切削是选择功能。用该功能铣削圆凹槽时，可以在圆弧插补的同时，使刀具做轴向移动，而不必先钻孔再铣圆凹槽。螺旋切削指令与圆弧插补指令相同，只是增加了螺旋线轴向移动坐标字指令。

1. XY 圆弧插补平面

格式：G17　G02/G03　X＿　Y＿　Z＿　I＿　J＿　K＿　F＿

或　　　G17　G02/G03　X＿　Y＿　Z＿　R＿　K＿　F＿

说明：

(1) X、Y、Z 为螺旋线终点坐标；I、J 为圆心在 X、Y 轴上相对于螺旋线起点的坐标；R 为螺旋线在 XY 平面上的投影半径；K 为螺旋线的导程（单头即螺距），取正值。

(2) 两种格式的区别与平面上的圆弧插补类似，现代 CNC 系统一般采用第一种格式。

2. YZ 圆弧插补平面

格式：G18　G02 /G03　X__　Y__　Z__　J__　K__　I__　F__

或　　　G18　G02/ G03　X__　Y__　Z__　R__　I__　F__

说明：J、K 为圆心在 Y、Z 轴上相对于螺旋线起点的坐标；I 为螺旋线的导程。

3. ZX 圆弧插补平面

格式：G19　G02 /G03　X__　Y__　Z__　I__　K__　J__　F__

或　　　G19　G02 /G03　X__　Y__　Z__　R__　J__　F__

说明：I、K 为圆心在 X、Z 轴上相对于螺旋线起点的坐标，J 为螺旋线的导程。

螺旋线轴向进给速度如图 4-10 所示。

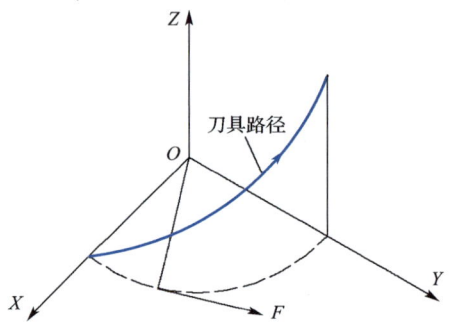

图 4-10　螺旋线轴向进给速度

> **注意**
>
> 螺旋线轴向进给速度不许超过各种限制，在决定进给速度指令 F 时，要遵守机床编程手册的规定；在螺旋切削指令的程序段中不能使用刀具补偿指令。

例 4-2

如图 4-11 所示的螺旋槽由两个螺旋面组成，前半圆 $\overparen{CmB}$ 为左旋螺旋面，后半圆 $\overparen{BnC}$ 为右旋螺旋面。螺旋槽最深处为 $B(96,60,-4)$ 点，最浅处为 $C(24,60,-1)$ 点，导程为 6 mm。要求用 $\phi 8$ mm 的立铣刀加工该螺旋槽。程序编制如下：

```
G54；
G00　Z50；              快速抬刀至安全平面高度
X24　Y60；              快速运动到 C 点上方安全高度
Z2；
S1500　M03；
```

```
G01  Z-1  F50;                          Z轴直线插补进刀
G03  X96  Y60  Z-4  I36  J0  K6  F150;  螺旋线插补⌢CmB
G03  X24  Y60  Z-1  I-36  J0  K6;       螺旋线插补⌢BnC
Z1.5;                                    进给抬刀,避免擦伤工件
G00  Z50;                                快速抬刀至安全平面高度
X0  Y0;                                  快速运动到工件原点的上方
M30
```

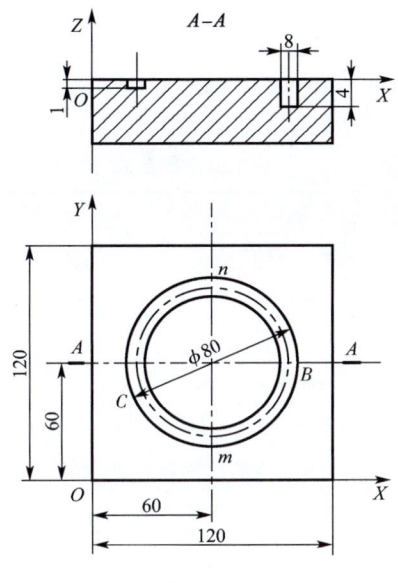

图 4-11 螺旋槽加工实例

> **注意**
>
> 最后三段程序不能写成"G00 X0 Y0;Z50;M30",否则会造成刀具在快速运动过程中与工件或夹具碰撞。

四、SINUMERIK 系统主轴准停指令应用

1. 刚性攻螺纹

CYCLE84——刚性攻螺纹

格式:CYCLE84(RTP,RFP,SDIS,DP,DPR,DTB,SDAC,MPIT,PIT,POSS,SST,SST1)

说明:刀具以编程的主轴速度和进给率进行钻削,直至定义的最终螺纹深度,如图 4-12 所示。CYCYLE84 可以用于刚性攻螺纹。

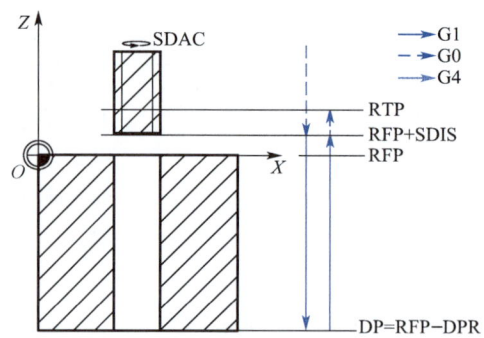

图 4-12 CYCLE84 刚性攻螺纹循环

其中:参数的说明见表 4-1。

表 4-1　　　　　　　　　　CYCLE84 参数表

参数	类型	说明
RTP	Real	返回平面(绝对)
RFP	Real	参考平面(绝对)
SDIS	Real	安全间隙(无符号输入)
DP	Real	最后钻孔深度(绝对)
DPR	Real	相对于参考平面的最后钻孔深度(无符号输入)
DTB	Real	钻削至螺纹深度时的停顿时间(断屑)
SDAC	Int	循环结束后的旋转方向值:3、4 或 5(用于 M3、M4 或 M5)
MPIT	Real	螺距由螺纹尺寸决定(有符号),数值范围 3(用于 M3)~48(用于 M48);符号决定了在螺纹中的旋转方向
PIT	Real	螺距由数值决定(有符号),数值范围:0.001~2 000.000 mm;符号决定了在螺纹中的旋转方向
POSS	Real	循环中定位主轴的位置(以度为单位)
SST	Real	攻螺纹速度
SST1	Real	退回速度

例 4-3

在 XY 平面中的位置($X30$,$Y35$)处进行不带补偿夹具的刚性攻螺纹;攻螺纹轴是 Z 轴,如图 4-13 所示。未编程停顿时间;编程的深度值为相对值。必须给旋转方向参数和螺距参数赋值。被加工螺纹公称直径为 M5。查表得常用的粗牙公制螺纹为 M5×0.8。程序如下:

```
G54  G90  T1  D1;                      技术值的定义
G17  X30  Y35  Z40;                    接近钻孔位置
S160  M3;
```

```
CYCLE84(40,36,2, ,30, ,5,5, ,90,200,500);    循环调用
M30;                                          程序结束
```

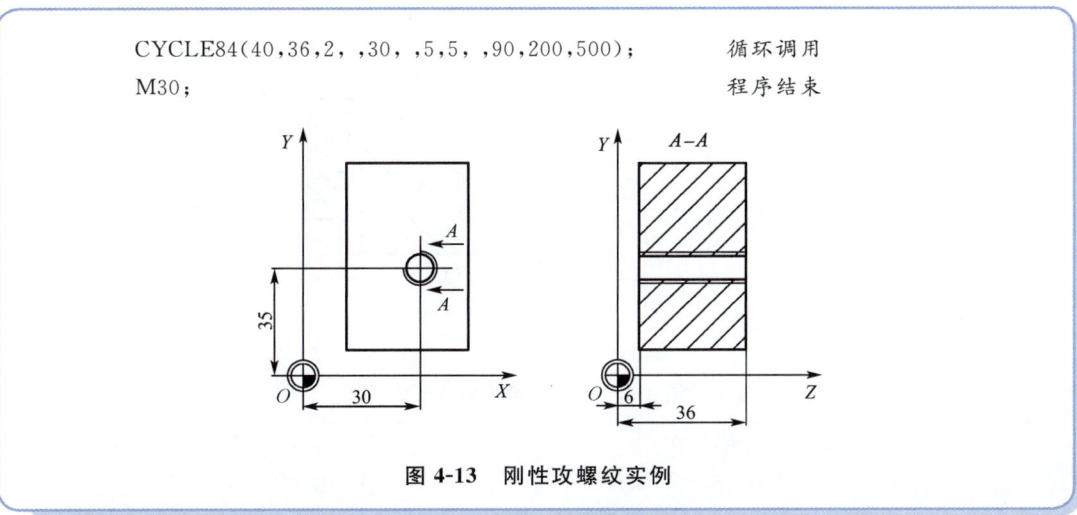

图 4-13 刚性攻螺纹实例

2. 铰孔

CYCLE87——铰孔 2

格式：CYCLE87(RTP,RFP,SDIS,DP,DPR,DTB,SDIR)

说明：刀具按照编程的主轴速度和进给率铰孔，直至到达输入的最后铰孔深度。一旦到达铰孔深度，便激活了主轴停止功能并使编程停止，按"NC START"键继续快速返回，直至到达返回平面，如图 4-14 所示。

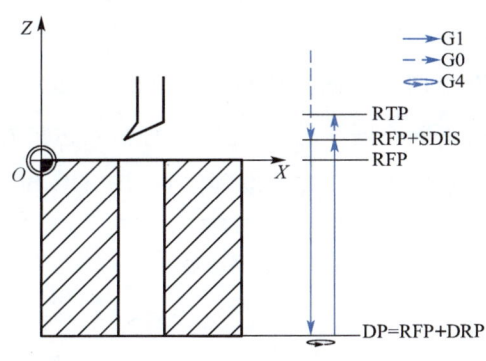

图 4-14 CYCLE87 铰孔 2

其中：参数 RTP、RFP、SDIS、DP、DPR、DTB 的说明同 CYCLE84 指令。

　　　SDIR：Int　　　旋转方向值 3(用于 M3)和 4(用于 M4)

例 4-4

如图 4-15 所示，CYCLE87 指令在 XY 平面中的(X70,Y50)处调用，编程的最后铰孔深度为绝对值 Z77，工件的上沿在 Z110 处；安全间隙为 2 mm；在循环中 M3 有效。程序如下：

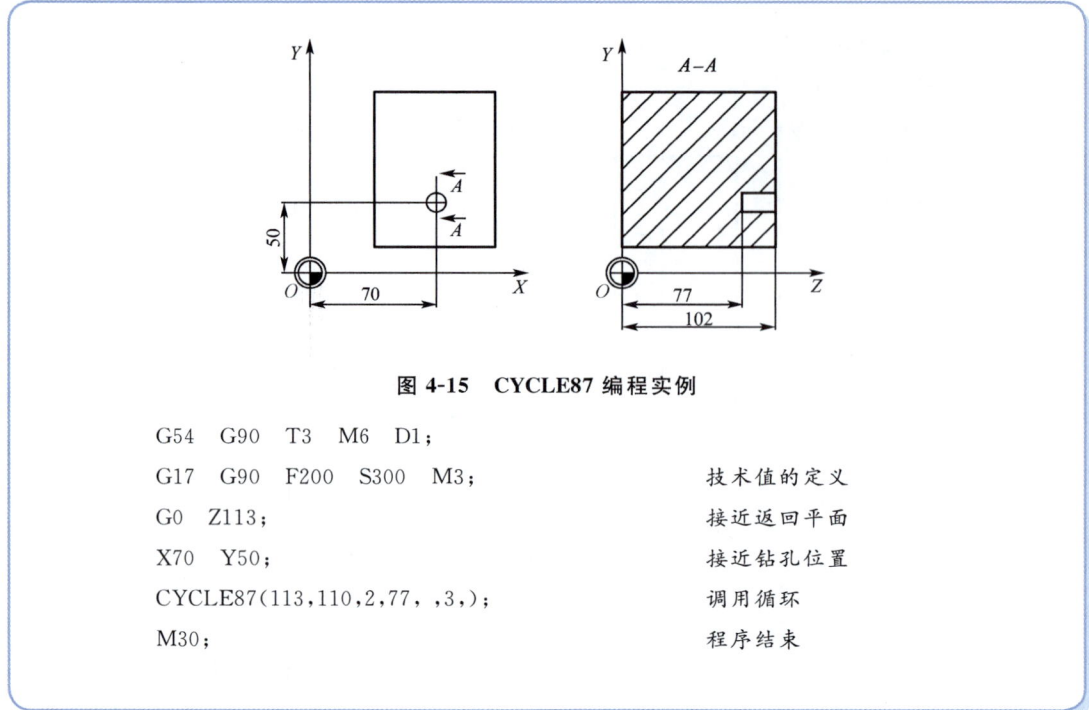

图 4-15 CYCLE87 编程实例

```
G54  G90  T3  M6  D1;
G17  G90  F200  S300  M3;                技术值的定义
G0   Z113;                               接近返回平面
X70  Y50;                                接近钻孔位置
CYCLE87(113,110,2,77, ,3,);              调用循环
M30;                                     程序结束
```

3. 带停止钻孔 1

CYCLE88——带停止钻孔 1(镗孔 4)

格式：CYCLE88(RTP,RFP,SDIS,DP,DPR,DTB,SDIR)

说明：刀具按照编程的主轴速度和进给率钻孔，直至到达输入的最后钻孔深度。一旦到达钻孔深度，便激活了主轴停止功能并使编程停止，按"NC START"键继续快速返回，直至到达返回平面，如图 4-16 所示。

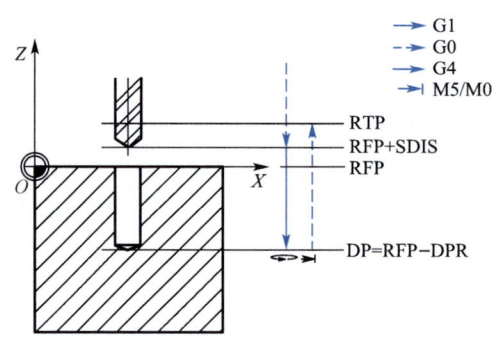

图 4-16 CYCLE88 带停止钻孔 1

其中：参数 RTP、RFP、SDIS、DP、DPR、DTB、SDIR 的说明同 CYCLE87 指令。

例 4-5

CYCLE88 指令在 XY 平面中的(X80,Y90)处调用,编程的最后钻孔深度定义为参考平面的相对值 Z30;安全间隙为 3 mm,工件的上沿在 Z102 处。程序如下:

```
D54   G90   T3   D1;
G17   G90   F100   S450;         技术值的定义
G00   Z105;
X80   Y90;                        接近钻孔位置
CYCLE88(105,102,3, ,30,3,4);    调用循环
M02;                              程序结束
```

综合案例

用立式加工中心完成图 4-17 所示零件的数控编程与加工。

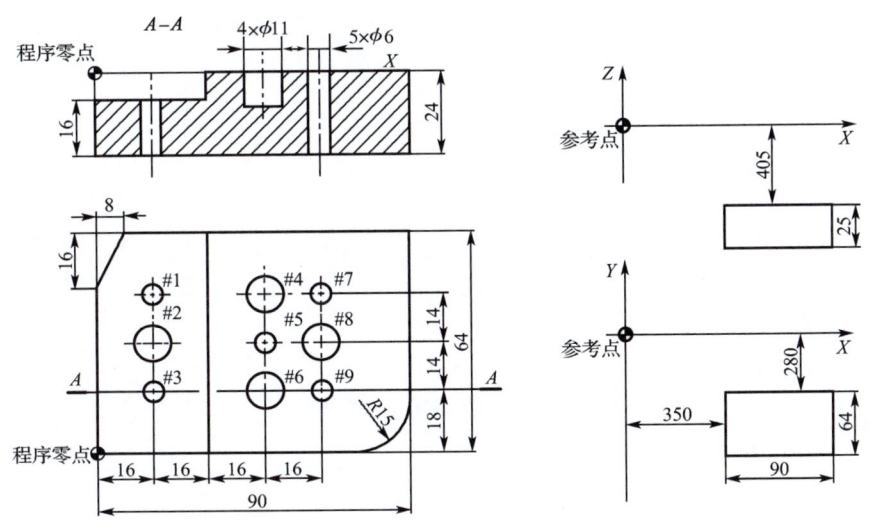

图 4-17 加工零件图及毛坯位置

1. 工艺分析

加工零件图及毛坯位置如图 4-17 所示,毛坯长×宽×高为 90 mm×64 mm×25 mm,8 mm×16 mm 倒角和 R15 mm 倒圆在铣床上加工完毕。其中,#1、#2、#5、#6、#7、#8 孔深 10 mm,#3、#4、#9 为通孔。由于零件较小,外形规则,采用平口钳装夹即可。选择以下四种刀具进行加工:1 号刀为 ϕ50 mm 端铣刀,用于铣上表面;2 号刀为 ϕ20 mm 立铣刀,用于铣左台阶面;3 号刀为 ϕ3 mm 中心钻,用于打中心孔;4 号刀为 ϕ6 mm 钻头,5 号刀为 ϕ11 mm 钻头,用于加工孔。通过测量刀具,设定补偿值用于刀具长度补偿。该零件数控加工工艺卡见表 4-2,工件坐标系的建立,参考点及程序零点的确

定如图 4-17 所示。

2. 制定工艺规程

零件数控加工工艺卡见表 4-2。

表 4-2　　　　　　　　　　零件数控加工工艺卡

工序编号:02　　　使用设备:加工中心　　　部件号:01　　　文件编号:

单位名称		产品名称或代号		零件名称		零件图号	
工序号	程序编号	夹具名称		使用设备			
		平口钳		大连机床 VDL-600A			
工步号	工步内容	刀具号	刀具规格	主轴转速/(r·min⁻¹)	进给速度/(mm·min⁻¹)	背吃刀量/mm	备注
1	铣平面	T01	φ50 mm 端铣刀	500	150	1	
2	铣左台阶面	T02	φ20 mm 立铣刀	1000	150	8	
3	钻 9 个中心孔	T03	φ3 mm 中心钻	1000	50	2	#1、#2、#3、#6、#5、#4、#7、#8、#9
4	钻 5×φ6 mm 孔	T04	φ6 mm 钻头	700	50		#1、#3、#7、#5、#9
5	钻 5×φ11 mm 孔	T05	φ11mm 钻头	500	60		#2、#6、#4、#8
编制		审核		批准		年　月　日	共　页　第　页

3. 零件数控编程

（1）采用 FANUC 0i-MF 系统参考程序见表 4-3。

表 4-3　　　　　　　FANUC 0i-MF 系统参考程序

程　序	说　明
O0401;	程序名
G54;	建立工件坐标系
T01 M06;	用 φ50 mm 端铣刀铣平面,背吃刀量 1 mm
G43 G00 Z50 H01;	刀具到初始平面,建立刀具长度补偿
S500 M03;	主轴正转,500 r/min
G00 X−30 Y40 M08;	铣平面 XY 初始点,开冷却液
G01 Z0 F150;	下刀,进给速度 150 mm/min
X80;	铣平面
Y20;	
X−30;	
G00 Z10 M05;	抬刀,主轴停转

续表

程　序	说　明
T02 M06;	用 φ20 mm 立铣刀铣左侧凹台,深度为 8 mm
G43 Z10 H02;	
S1000 M03;	
G00 X9 Y－12 M08;	
G01 Z－8 F150;	
Y64;	
X22;	
Y－12;	
G00 Z10 M05;	
T03 M06;	用 φ3 mm 中心钻打 9 个孔的中心孔,深度为 2 mm
G43 Z10 H03 M08;	
S1000 M03;	
G00 X16 Y46;	♯1 中心孔
G99 G81 Z－10 R－6 F50;	G99、G81 为模态代码
Y32;	♯2 中心孔
G98 Y18;	♯3 中心孔,G98 为模态代码
G99 X48 Z－2 R2;	♯6 中心孔
Y32;	♯5 中心孔
Y46;	♯4 中心孔
X64;	♯7 中心孔
Y32;	♯8 中心孔
G98 Y18;	♯9 中心孔
G00 Z10 M05;	
T04 M06;	用 φ6 mm 钻头钻孔
G43 Z10 H04 M08;	
S700 M03;	
G00 X16 Y46 Z5;	♯1 孔
G99 G83 Z－18 R2 Q5 F50;	深 10 mm,凹台深 8 mm,因此绝对钻深 18 mm
G98 Y18 Z－27;	♯3 通孔
G99 X64 Y46 Z－10;	♯7 孔,深 10 mm
X48 Y32;	♯5 孔,深 10 mm
G98 X64 Y18 Z－27;	♯9 通孔
G00 Z10 M05;	
T05 M06;	用 φ11 mm 钻头钻孔
G43 Z10 H05 M08;	

续表

程　序	说　明
S500 M03；	
G00 X16 Y32 Z5；	♯2 孔，深 10 mm
G98 G81 Z－18 R2 F60；	
X48 Y18 Z－10；	♯6 孔，深 10 mm
Y46 Z－27；	♯4 通孔
G98 X64 Y32 Z－10；	♯8 孔，深 10 mm
G00 Z50 M05 M09；	加工结束，回初始点，主轴停转，冷却液关
M30；	程序结束

（2）采用 SINUMERIK 840D 系统参考程序见表 4-4。

表 4-4　　　　　　　　SINUMERIK 840D 系统参考程序

程　序	说　明
LSJGZXBC.MPF；	程序名
G54；	建立工件坐标系
T01 M06；	用 φ50 mm 端铣刀铣平面，背吃刀量 1 mm
G43 G00 Z50；	刀具到初始平面，建立刀具长度补偿
S500 M03；	主轴正转，500 r/min
G00 X－30 Y40 M08；	铣平面 XY 初始点，开冷却液
G01 Z0 F150；	下刀，进给速度 150 mm/min
X80；	铣平面
Y20；	
X－30；	
G00 Z10 M05；	抬刀，主轴停转
T02 M06；	用 φ20 mm 立铣刀铣左侧凹台，深度 8 mm
G43 Z10 M08；	
S1000 M03；	
G00 X9 Y－12 M08；	
G01 Z－8 F150；	
Y64；	
X22；	
Y－12；	
G00 Z10 M05；	
T03 M06；	用 φ3 mm 中心钻打 9 个孔的中心孔，深度 2 mm
G43 Z10 M08；	
S1000 M03 F50；	

续表

程　序	说　明
G00 X16 Y46;	♯1 中心孔
CYCLE81(10,0,2,−10,);	孔深 2 mm,凹台深度 8 mm
Y32;	♯2 中心孔
CYCLE81(10,0,2,−10,);	
Y18;	♯3 中心孔
CYCLE81(10,0,2,−10,);	
X48;	♯6 中心孔
CYCLE81(10,0,2,−2,);	孔深 2 mm
Y32;	♯5 中心孔
CYCLE81(10,0,2,−2,);	
Y46;	♯4 中心孔
CYCLE81(10,0,2,−2,);	
X64;	♯7 中心孔
CYCLE81(10,0,2,−2,);	
Y32;	♯8 中心孔
CYCLE81(10,0,2,−2,);	
Y18;	♯9 中心孔
CYCLE81(10,0,2,−2,);	
G00 Z10 M05;	
T04 M06;	用 ϕ6 mm 钻头钻孔
G43 Z10 M08;	
S700 M03 F50;	
G00 X16 Y46;	♯1 孔
CYCLE82(10,0,2,−18 ,0,1);	深 10 mm,凹台深 8 mm,因此绝对钻深 18 mm
Y18;	♯3 通孔
CYCLE83(10,0,2,−27,0,−10,0,3,1,1,0.8,1);	
X64 Y46;	♯7 孔,深 10 mm
CYCLE82(10,0,2,−10 ,0,1);	
X48 Y32;	♯5 孔,深 10 mm
CYCLE82(10,0,2,−10 ,0,1);	
X64 Y18;	♯9 通孔
CYCLE83(10,0,2,−27,0,−10,0,3,1,1,0.8,1);	
G00 Z10 M05;	
T05 M06;	用 ϕ11 mm 钻头钻孔
G43 Z10 M08;	

续表

程　序	说　明
S500 M03 F60;	
G00 X16 Y32;	♯2孔,深10 mm
CYCLE82(10,0,2,−18 ,0,1);	
X48 Y18;	♯6孔,深10 mm
CYCLE82(10,0,2,−10 ,0,1);	
Y46 Z−27;	♯4通孔
CYCLE83(10,0,2,−27,0,−10,0,3,1,1,0.8,1);	
X64 Y32;	♯8孔,深10 mm
CYCLE82(10,0,2,−10 ,0,1);	
G00 Z50 M05 M09;	加工结束,回初始点,主轴停转,冷却液关
M30;	程序结束

综合练习

用卧式加工中心完成图 4-18 所示零件的数控编程与加工。

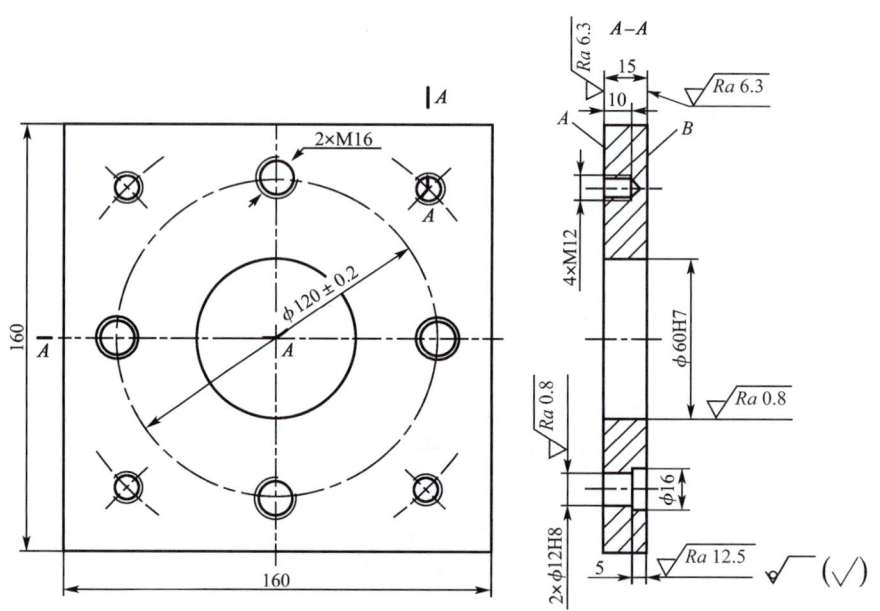

图 4-18　端盖零件图

端盖是一种常见的加工工件,加工工序包括铣平面、镗孔、钻孔、扩孔、攻螺纹等多种工序。

参考文献

[1] 邓建平,张若锋.数控编程与操作[M].北京:机械工业出版社,2018.
[2] 王树逵,齐济源.数控加工技术[M].北京:清华大学出版社,2009.
[3] 姚新.数控加工技术[M].北京:机械工业出版社,2011.
[4] 金大玮,张春华,华欣.中文版 UG NX12.0 完全实战技术手册[M].北京:清华大学出版社,2019.
[5] 张丽华,数控编程与加工[M].北京:北京理工大学出版社,2015.
[6] 陈佶.数控加工技术[M].哈尔滨:哈尔滨工程大学出版社,2020.

附 录

附表 1　　　　　　　　　　FANUC 系统常用编程代码

G 代码			
代码	分组	意义	格式
G00	01	快速点定位	G00　X_　Y_　Z_
G01		直线插补	G01　X_　Y_　Z_　F_
G02		顺时针圆弧插补(CW)	G02(G03)　X_　Y_　I_　J_　(R_)　F_
G03		逆时针圆弧插补(CCW)	G02(G03)　X_　Z_　I_　K_　(R_)　F_ G02(G03)　Y_　Z_　J_　K_　(R_)　F_
G04	00	暂停(ms,s)	G04　P_ (X_ 或 U_)
G09		准确停止	
G17	02	G17 选择 XY 平面	
G18		G18 选择 XZ 平面	
G19		G19 选择 YZ 平面	
G20	06	英制输入	G20
G21		米制输入	G21
G27	00	返回参考点检测	
G28		返回参考点	G28　X_　Y_　Z_
G29		由参考点返回	G29　X_　Y_　Z_
G30		返回第二参考点	
G40	07	取消刀具半径补偿	G40
G41		刀具半径左补偿	C41
G42		刀具半径右补偿	C42
G43	08	刀具长度正补偿	C43
G44		刀具长度负补偿	C44
G49		取消刀具长度补偿	C49
G52	00	局部坐标系设定	G52
G53		机床坐标系选择	G53

续表

| \multicolumn{4}{c}{G 代码} |
代码	分组	意义	格式
G54	12	选择工件坐标系 1	G54
G55		选择工件坐标系 2	G55
G56		选择工件坐标系 3	G56
G57		选择工件坐标系 4	G57
G58		选择工件坐标系 5	G58
G59		选择工件坐标系 6	G59
G60	00	单一方向定位	G60
G61	13	准确定位方式	G61
G64		切削方式	G64
G73	09	深孔钻削固定循环	G73 X_ Y_ Z_ R_ Q_ F_
G74		攻左螺纹固定循环	G74 X_ Y_ Z_ R_ P_ F_
G76		精镗孔固定循环	G76 X_ Y_ Z_ R_ P_ Q_ F_
G80		固定循环取消	G80
G81		中心孔钻削固定循环	G81 X_ Y_ Z_ R_ F_
G82		锪孔钻削固定循环	G82 X_ Y_ Z_ R_ P_ F_
G83		深孔钻削固定循环	G83 X_ Y_ Z_ R_ Q_ F_
G84		攻右螺纹固定循环	G84 X_ Y_ Z_ R_ P_ F_
G85		镗削固定循环	G85 X_ Y_ Z_ R_ F_
G86		镗削固定循环快返	G86 X_ Y_ Z_ R_ P_ F_
G87		反镗削固定循环	G87 X_ Y_ Z_ R_ Q_ F_
G88		镗削固定循环	G88 X_ Y_ Z_ R_ P_ F_
G89		精镗阶梯孔固定循环	G89 X_ Y_ Z_ R_ P_ F_
G90	03	绝对方式指定	G90
G91		增量方式指定	G91
G92	00	工件坐标系设定	G92 X_ Y_ Z_
G94	05	每分钟进给	
G98	10	返回固定循环初始点	G98
G99		返回固定循环 R 点	G99
\multicolumn{4}{c}{M 代码}
代码		意义	格式
M00		停止程序运行	M00
M91		选择性停止	M01

续表

\	M 代码	\
代码	意义	格式
M02	结束程序运行	M02
M03	主轴正向转动	M03
M04	主轴反向转动	M04
M05	主轴停止转动	M05
M06	换刀指令	M06 T_
M08	冷却液开启	M08
M09	冷却液关闭	M09
M30	结束程序运行且返回程序开头	M30
M98	子程序调用	M98 P_
M99	子程序结束	M99

附表 2　　SINUMERIK 840D 系统常用编程代码

\	\	G 代码	\
G 代码	分组	意义	说明
G0	1	快速点定位	可作机床状态设定
G1	1	直线插补	
G2	1	顺时针圆弧插补	
G3	1	逆时针圆弧插补	
G4	2	暂停	☆
G9	11	准停—减速	☆
G17	6	XY 平面指定	
G18	6	ZX 平面指定	
G19	6	YZ 平面指定	
G25	3	工作区域的低极限	
G26	3	工作区域的高极限	
G33		螺距恒定的螺旋线插补	
G40	7	取消刀具半径补偿	通电默认
G41	7	刀具半径左补偿	
G42	7	刀具半径右补偿	
G53	9	清除当前刀具偏置	所有偏置清除

续表

G 代码		
G 代码	分组	意义	说明
G54	8	第一个可设置的刀具偏置	
G55		第二个可设置的刀具偏置	
G56		第三个可设置的刀具偏置	
G57		第四个可设置的刀具偏置	
G60	10	准停—减速	
G63	2	带辅助夹具的攻螺纹	☆
G64	10	准停—连续路径方式	
G70	13	英制单位	通电默认
G71		公制单位	可作机床状态设定
G74	2	返回参考点	☆
G75		返回固定点	☆
G90	14	绝对方式	通电默认
G91		增量方式	
C94	15	直线进给量	
G95	14	圆周进给量	
G96	15	打开恒线速切削	
G97		关闭恒线速切削	通电默认
G110	3	根据编程设置位置进行极坐标编程	☆
G111		根据工件坐标系原点进行极坐标编程	☆
G112		根据最后到达位置进行极坐标编程	☆
G331	1	攻螺纹循环	
G332		攻螺纹循环	

M 代码		
代码	意义	说明
M0	程序停止	暂停
M1	选择停止	激活有效
M2	主程序结束	返回程序开头
M3	主轴正转(顺时针)	
M4	主轴反转(逆时针)	

续表

M代码		
代码	意义	说明
M5	主轴停	
M6	换刀循环	
M8	切削液开	可作机床状态设定
M9	切削液关	可作机床状态设定
M17	子程序结束	
M30	主程序结束	
M40	齿轮变速	
M41	齿轮变速 1 级	
M42	齿轮变速 2 级	
M43	齿轮变速 3 级	
M44	齿轮变速 4 级	
M45	齿轮变速 5 级	

注：带☆的为非模态代码。